POMOLOGIE GÉNÉRALE

PAR M. MAS

SUITE DE LA PUBLICATION PÉRIODIQUE

LE VERGER

PREMIER VOLUME

BOURG

CHEZ L'AUTEUR

Rue Lalande, 20.

PARIS

LIBRAIRIE DE G. MASSON

Place de l'École-de-Médecine.

1872

POMOLOGIE GÉNÉRALE

POIRES

TOME PREMIER

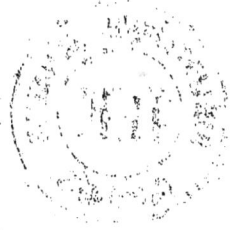

POMOLOGIE GÉNÉRALE

PAR M. MAS

SUITE DE LA PUBLICATION PÉRIODIQUE

LE VERGER

PREMIER VOLUME

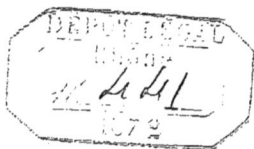

BOURG

CHEZ L'AUTEUR

Rue Lalande, 20.

PARIS

LIBRAIRIE DE G. MASSON

Place de l'École-de-Médecine.

1872

Lyon, Imprimerie A. Tournier.

AVANT-PROPOS

J'étais, depuis longtemps, convaincu de l'utilité d'un livre qui offrirait aux arboriculteurs un choix complet entre les variétés fruitières formant les pomones de toutes les contrées. Mes relations, déjà anciennes, avec les pomologistes, les semeurs et les pépiniéristes des principaux pays où la culture des arbres fruitiers est en honneur, m'avaient permis de former des collections nombreuses où je pouvais facilement puiser les matériaux nécessaires à ce travail : Je commençai à publier le *Verger*. Si M. de Mortillet, mon excellent collègue au Congrès pomologique et l'auteur des *Meilleurs fruits*, saluait mon ouvrage de ses souhaits en l'appelant la Pomologie de l'avenir, je crois qu'avec la facilité des communications, si grande aujourd'hui entre les hommes s'occupant des mêmes spécialités, il commence à devenir de plus en plus la Pomologie du présent. Nous nous rapprochons du terme que j'avais assigné à sa publication, dans trois ans, le cadre que je m'étais tracé sera rempli, et cependant je serai bien loin d'avoir alors épuisé toutes les richesses pomologiques que j'ai accumulées pendant l'espace de trente ans. Fallait-il les laisser dans l'oubli ? Je n'ai pu m'y décider, et aujourd'hui, l'âge pressant, avant d'avoir terminé mon premier ouvrage, je viens les offrir à ceux qui m'ont témoigné l'intérêt qu'ils portent à mes études.

Ce second ouvrage ne sera peut-être pas d'une utilité aussi directe que le *Verger;* cependant il contiendra encore la description d'un grand nombre de variétés aussi méritantes, que le temps nécessaire aux observations et leur origine récente ne m'auront pas permis de faire connaître plus tôt. Il s'adresse surtout à ceux qui ne se contentent pas d'effleurer la science et qui veulent devenir de véritables pomologistes. Il contiendra des observations critiques sur la valeur réelle et sur la synonymie du plus grand nombre des variétés cultivées à notre époque, en France, en Allemagne, en Angleterre, aux Etats-Unis, en Belgique et dans toutes les localités où j'ai pu recueillir quelques fruits.

Les pomologistes auxquels je me suis adressé m'ont tous communiqué, avec empressement et souvent avec le plus grand désintéressement, les variétés qui composent mes collections. Je citerai, en France, les principaux pépiniéristes, entre lesquels, M. André Leroy, d'Angers, dont le *Dictionnaire de pomologie* m'a été d'un vrai secours pour la recherche des origines d'un grand nombre de variétés; M. O. Thomas, chef de culture chez MM. Simon-Louis, de Metz, et qui vient de prendre la direction de la *Revue de l'Arboriculture fruitière, ornementale et forestière,* destinée à donner une impulsion sérieuse aux études pomologiques; M. de Mortillet, dont les *Meilleurs fruits* sont si justement estimés de tous; MM. Jamin et Durand, de Bourg-la-Reine; M. Jacquemet-Bonnefont, d'Annonay; MM. Baltet frères, de Troyes; MM. Bonamy frères, de Toulouse; M. Baumann, de Bollwiller; M. Sahut, de Montpellier; M. Bruant, de Poitiers; M. Boisbunel, de Rouen, déjà célèbre par des gains de premier mérite; M. Bruneau, de Nantes. En Belgique: M. de Bavay, directeur des pépinières royales de Vilvorde; M. Bivort, le zélé continuateur des travaux de Van Mons et dont nous avons à regretter la perte récente; MM. Papeleu et Gaujard, de Wetteren; M. Galopin, de Liége; M. Grégoire, de Jodoigne, le semeur infatigable; M. du Mortier, le digne président de la Société d'horticulture de Tournay et dont la *Pomone Tournaisienne* renferme de précieux renseignements sur les fruits belges. En Angleterre : le docteur Robert Hogg, qui m'a communiqué la plupart des variétés de Pommes cultivées au jardin de la Société d'horticulture de Londres et qu'il a si bien décrites dans son ouvrage, *The apple and its varieties* ; M. Thomas Rivers, de Sawbridgeworth. Aux États-Unis : M. Downing, le pomologiste universel ; M. Marshal Wilder, le président de la Société de pomologie américaine. En Allemagne : M. Oberdieck, de Jeinsen, le patriarche de la pomologie européenne, et M. Jahn, de Meiningen. Je leur offre les témoinages de ma reconnaissance pour l'aide qu'ils m'ont si généreusement donné. Je n'ai qu'un désir, en commençant, celui d'apporter ma part de coopération à la constitution de la science pomologique dans laquelle ils ont été mes premiers guides.

A. MAS.

POMOLOGIE GÉNÉRALE

DE LAMARTINE

(N° 1)

Catalogue. BIVORT. 1851-1852.
The Fruits and the fruit-trees of America. DOWNING.
Dictionnaire de pomologie. ANDRÉ LEROY.

OBSERVATIONS. — Cette variété est un gain de M. Bivort, qui la dédia à notre célèbre poète français. — L'arbre, d'une vigueur bien modérée sur cognassier, se prête facilement, par la régularité de sa végétation, à toutes formes et surtout à celle de pyramide qui lui est naturelle. Sa fertilité est bonne, mais sujette à l'alternat. Son fruit est d'assez bonne qualité pour l'admettre dans le jardin fruitier, mais son volume peu développé indique qu'elle ne convient au verger que dans les meilleures circonstances de profondeur et de richesse du sol.

DESCRIPTION.

Rameaux de moyenne force, allongés, fluets à leur sommet, bien droits, à entre-nœuds alternativement courts et longs, d'un jaune verdâtre légèrement teinté de rouge du côté du soleil ; lenticelles petites, arrondies, d'un blanc jaunâtre, peu nombreuses et peu apparentes.

Boutons à bois moyens, coniques, allongés, renflés sur le dos, à direction presque parallèle au rameau vers lequel ils se recourbent par leur pointe, soutenus sur des supports peu saillants dont les côtés se prolongent très-finement ; écailles d'un marron noirâtre brillant et bordé de blanc argenté.

Pousses d'été d'un jaune verdâtre, bordées d'un peu de rouge clair à leur sommet peu duveteux.

Feuilles des pousses d'été moyennes, ovales-élargies, se terminant brusquement en une pointe courte, repliées sur leur nervure médiane et un peu arquées, bien soutenues sur des pétioles assez longs, grêles et presque horizontaux.

Stipules assez longues, lancéolées, étroites et dentées.

Feuilles stipulaires assez fréquentes.

Boutons à fruit gros, conico-ovoïdes et aigus ; écailles d'un marron clair maculé de gris blanchâtre.

Fleurs moyennes ; pétales régulièrement ovales, concaves, entièrement blancs avant et après l'épanouissement ; pédicelles courts, grêles et presque glabres.

Feuilles des productions fruitières plus grandes que celles des pousses d'été, ovales-arrondies, se terminant brusquement en une pointe extraordinairement courte et parfois nulle, concaves, bordées de dents fines et aiguës, assez peu soutenues sur des pétioles de moyenne longueur, grêles et divergents.

Caractère saillant de l'arbre : feuilles des productions fruitières tendant à la forme arrondie, bien concaves et souvent dépourvues de pointe ; précocité de la floraison et de la végétation des feuilles.

Fruit petit, turbiné-sphérique, uni dans son contour, atteignant sa plus grande épaisseur à peu près au milieu de sa hauteur ; au-dessus de ce point, s'atténuant promptement par une courbe largement convexe ou parfois à peine concave en une pointe très-courte, épaisse et un peu tronquée à son sommet ; au-dessous du même point, s'arrondissant brusquement par une courbe bien convexe pour s'applatir ensuite un peu autour de la cavité de l'œil.

Peau un peu épaisse et ferme, d'abord d'un vert d'eau dont on n'aperçoit le plus souvent qu'une très-petite étendue, car il est presque entièrement recouvert d'une rouille épaisse et brune sur laquelle saillissent des points de la même couleur. A la maturité, **octobre,** le vert fondamental passe au jaune citron, la rouille se dore et le côté du soleil se distingue seulement quelquefois par un soupçon de rouge.

OEil grand, ouvert, à divisions larges, d'un gris noirâtre et étalées, placé dans une cavité un peu large, peu profonde, évasée, et qu'il remplit presque entièrement.

Queue courte, forte, ligneuse, d'un brun doré, attachée le plus souvent perpendiculairement dans une cavité large et profonde.

Chair jaunâtre, fine, tassée, très-fondante, un peu pierreuse vers le cœur, suffisante en eau bien sucrée, relevée et dont la saveur a beaucoup de rapport avec celle du Martin-sec.

1

2

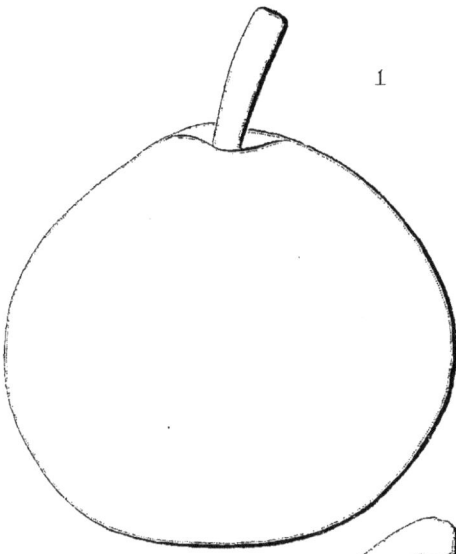

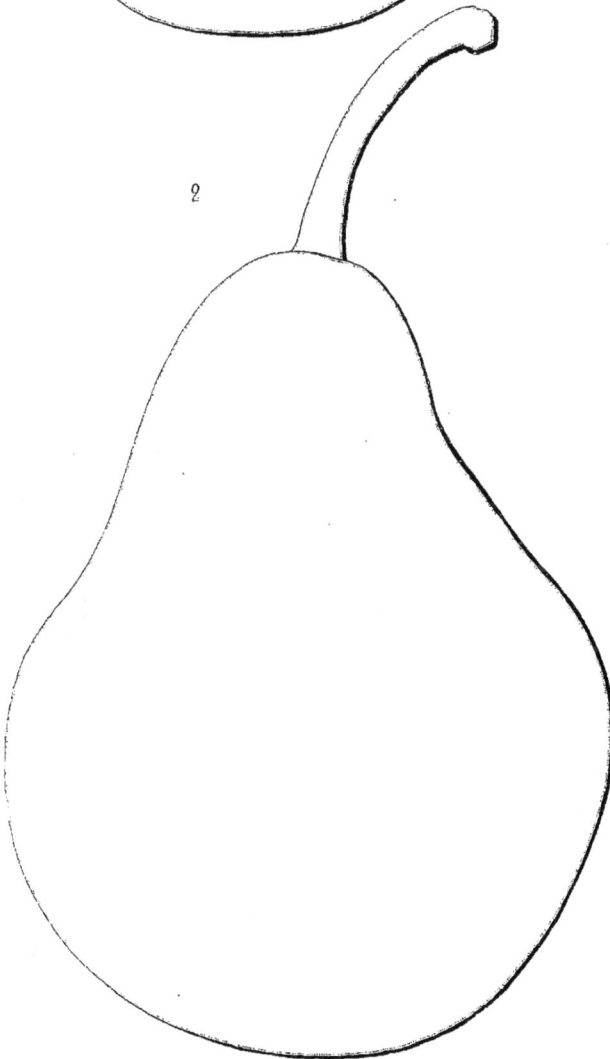

1 . DE LAMARTINE.   2 . THUERLINCKX

Imp.A.Tournier à Lyon

THUERLINCKX

(N° 2)

Album de pomologie. BIVORT.
The Fruits and the fruit-trees of America. DOWNING.
TUERLINCKX. *Jardin fruitier du Muséum.* DECAISNE.
Dictionnaire de pomologie. ANDRÉ LEROY.
THUERLING. *Handbuch aller bekannten Obstsorten.* BIEDENFELD.
BEURRÉ THUERLINCKX. *The fruit Manual.* ROBERT HOGG.
Catalogue raisonné, THUILLIER-ALLOUX.

OBSERVATIONS. — D'après Bivort, cette variété aurait été trouvée sans nom dans une maison de campagne achetée par M. Thuerlinckx, de Malines. J'ai préféré adopter pour le nom de ce fruit l'orthographe de celui qui en fit connaître le premier l'origine; cependant il est possible que MM. Decaisne et André Leroy aient eu des motifs pour en admettre une autre. — Son arbre fait attendre longtemps son rapport, qui ne devient que peu abondant. Elle est à recommander, seulement aux collectionneurs, pour son fruit souvent vraiment énorme, rarement passable cru, mais bon pour les usages du ménage par son parfum assez prononcé.

DESCRIPTION.

Rameaux assez forts, unis dans leur contour, bien flexueux, jaunâtres; lenticelles blanchâtres, larges, allongées, peu nombreuses et apparentes.

Boutons à bois gros, coniques-comprimés et élargis à leur base, un peu aigus, à direction parallèle ou presque parallèle au rameau, soutenus sur des supports très-peu saillants dont les côtés et l'arête médiane ne se prolongent pas; écailles d'un marron noirâtre et terne.

Pousses d'été d'un vert pâle, colorées à leur sommet d'un rouge sanguin voilé par un duvet long, soyeux et épais, longtemps recouvertes, sur toute leur longueur, d'un duvet léger et cotonneux.

Feuilles des pousses d'été grandes, elliptiques-élargies, se terminant très-brusquement en une pointe longue et finement aiguë, planes ou presque planes et seulement un peu recourbées par leur pointe, bordées de dents profondes, recourbées et aiguës, soutenues horizontalement sur des pétioles courts, forts et un peu flexibles.

Stipules longues, linéaires-étroites et caduques.

Feuilles stipulaires fréquentes.

Boutons à fruit gros, conico-ovoïdes, un peu courts, à pointe courte et finement aiguë; écailles d'un beau marron rougeâtre un peu bordé de gris.

Fleurs grandes; pétales ovales-arrondis, très-concaves, blancs avant et après l'épanouissement; divisions du calice très-longues, étroites et recourbées en dessous par leur pointe; pédicelles assez longs, forts et laineux.

Feuilles des productions fruitières elliptiques bien allongées, bien atténuées à leurs deux extrémités, se terminant plus ou moins brusquement en une pointe dont la longueur est proportionnée à celle de la feuille, un peu repliées sur leur nervure médiane ou presque planes, entières ou presque entières par leurs bords, mal soutenues sur des pétioles très-longs, peu forts, divergents et un peu flexibles.

Caractère saillant de l'arbre : teinte générale du feuillage d'un vert d'eau foncé; jeunes pousses et jeunes feuilles bien recouvertes d'un duvet épais, bien blanc et soyeux; pétioles des feuilles des productions fruitières extraordinairement longs.

Fruit extraordinairement gros, conique-piriforme ou ovoïde-piriforme, toujours bien ventru, uni dans son contour, mais irrégulier dans sa forme, souvent un peu plus haut d'un côté que de l'autre, atteignant sa plus grande épaisseur, tantôt plus, tantôt moins, au-dessous du milieu de sa hauteur; au-dessus de ce point, s'atténuant par une courbe d'abord bien convexe, puis plus ou moins concave, pour se terminer un peu brusquement en une pointe courte, peu épaisse, un peu obtuse ou souvent aiguë; au-dessous du même point, s'atténuant peu par une courbe largement convexe pour ensuite s'arrondir jusque dans la cavité de l'œil.

Peau un peu épaisse et cependant tendre, d'abord d'un vert vif semé de points bruns, nombreux, très-serrés, apparents et se confondant souvent avec un réseau d'une rouille de même couleur qui s'étend sur une grande partie de sa surface et se condense dans la cavité de la queue et sur le sommet du fruit où elle prend une teinte fauve. A la maturité, **novembre,** le vert fondamental s'éclaircit un peu en jaune, et le côté du soleil se dore légèrement et paraît plus brillant.

Œil grand, fermé, placé dans une cavité étroite et assez profonde.

Queue courte, peu forte, de couleur bois, attachée le plus souvent obliquement dans une petite cavité dont les bords irréguliers sont coupés obliquement.

Chair d'un blanc un peu jaunâtre, demi-fine, fondante, mais laissant trop de marc dans la bouche, abondante en eau sucrée, bien musquée et souvent mélangée d'un peu d'âpreté.

VIRGALIEU D'ÉTÉ

(SUMMER VIRGALIEU)

(N° 3)

The Fruits and the fruit-trees of America. Downing.

OBSERVATIONS. — Cette variété, que j'ai reçue de M. Downing, aussi sous le nom de Powell's Virgalieu ou Virgalieu de Powell, doit être distinguée de l'Osband d'été et de la poire Pinneo ou Hebron, auxquels les pomologues américains ont appliqué le synonyme de Virgalieu d'été. — L'arbre, d'une végétation assez maigre sur cognassier, indique, par sa fertilité trop précoce et trop grande, la nécessité d'un sol riche pour sa culture. Il est assez facile à soumettre à toutes formes dont le maintien doit être assuré par une taille courte. Son fruit a le grand mérite, pour l'époque de sa consommation, d'être d'une maturation prolongée, et une cueillette anticipée ne lui fait rien perdre de sa saveur.

DESCRIPTION.

Rameaux peu forts, presque unis dans leur contour, à peine flexueux, à entrenœuds très-courts et jaunâtres ; lenticelles blanches, larges, arrondies, peu nombreuses et apparentes.

Boutons à bois petits, coniques, renflés, courts et émoussés, à direction écartée du rameau, soutenus sur des supports très-peu saillants, dont les côtés et l'arête médiane se prolongent très-peu distinctement ; écailles d'un marron foncé et bordé de gris argenté.

Pousses d'été d'un vert vif, colorées de rouge et à peine duveteuses à leur sommet.

Feuilles des pousses d'été moyennes ou petites, ovales-elliptiques et un peu allongées, se terminant presque régulièrement en une pointe courte, à peine repliées sur leur nervure médiane et un peu arquées, entières par leurs bords, soutenues presque horizontalement sur des pétioles un peu longs, bien grêles et redressés.

Stipules en alênes courtes et fines.

Feuilles stipulaires manquant le plus souvent.

Boutons à fruit gros, conico-ellipsoïdes, obtus; écailles extérieures couvertes d'un duvet d'un fauve rougeâtre.

Fleurs assez petites, souvent semi-doubles; pétales obovales-elliptiques, allongés et étroits, convexes ou largement contournés, écartés entre eux; divisions du calice très-courtes, très-étroites, bien recourbées en dessous; pédicelles un peu longs, un peu forts et duveteux.

Feuilles des productions fruitières plus grandes que celles des pousses d'été, ovales-allongées, s'atténuant lentement pour se terminer presque régulièrement en une pointe courte, largement ondulées dans leur contour, à peine repliées sur leur nervure médiane et arquées, entières par leurs bords, s'abaissant sur des pétioles longs et souples.

Caractère saillant de l'arbre : teinte générale du feuillage d'un vert vif et gai; toutes les feuilles entières ou presque entières; tous les pétioles grêles; feuilles des productions fruitières se recourbant bien sur leur pétiole.

Fruit petit ou presque moyen, sphérico-turbiné ou presque sphérique, souvent un peu déformé dans son contour, atteignant sa plus grande épaisseur peu au-dessous du milieu de sa hauteur; au-dessus de ce point, s'atténuant par une courbe peu convexe ou peu concave en une pointe courte, épaisse et un peu tronquée à son sommet; au-dessous du même point, s'arrondissant par une courbe bien convexe jusque dans la cavité de l'œil.

Peau épaisse, d'abord d'un vert terne semé de très-petits points gris, très-nombreux et peu apparents. Une rouille de couleur fauve couvre ordinairement la base du fruit et la cavité de l'œil et se disperse parfois en nuages légers sur sa surface. A la maturité, **milieu d'août**, le vert fondamental passe au jaune assez décidé, mais peu brillant, et le côté du soleil est seulement un peu doré ou un peu plus rouillé que le reste de la surface du fruit.

Œil très-petit, demi-ouvert, à divisions courtes, dressées et souvent caduques, placé dans une cavité très-étroite, peu profonde, et dont les bords se divisent souvent en côtes aplanies.

Queue de moyenne longueur, très-grêle, ligneuse, souvent un peu courbée, à peine enfoncée dans une très-petite cavité.

Chair d'un blanc un peu jaune, bien fine, serrée, fondante, abondante en eau richement sucrée, vineuse et bien parfumée.

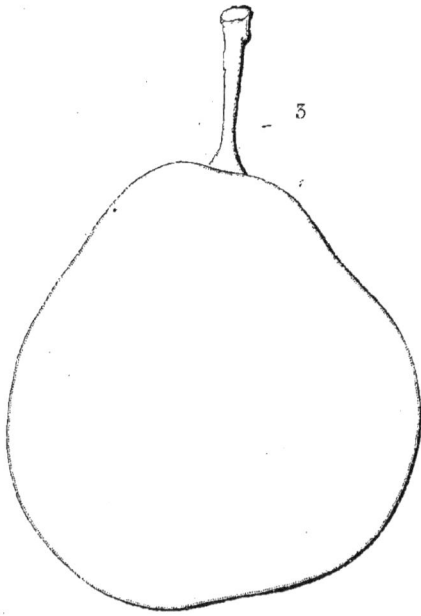

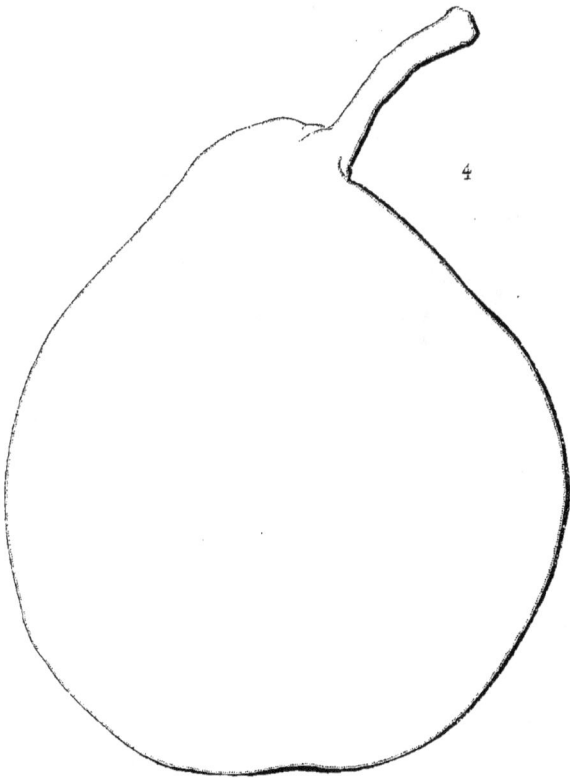

3 , VIRGALIEU D'ÉTÉ.   4 , BEURRÉ MORISOT

Imp. A.Tournier à Lyon

BEURRÉ MORISOT

(N° 4)

Catalogue. DE BAVAY. 1855-1856.

OBSERVATIONS. — Je tiens cette variété de M. de Bavay, mort depuis assez longtemps, et je n'ai pu trouver aucunes traces de son origine. Ce que j'ai pu constater, c'est qu'elle ne doit pas être confondue avec la poire de Grumkow des Allemands à laquelle M. Decaisne donne pour synonyme le nom de Moriseau, dont l'orthographe différente est peut-être plus exacte. M. André Leroy a répété la même erreur de synonymie et en écrivant Morizeau. — L'arbre, d'une bonne vigueur sur cognassier, s'accommode bien de la forme pyramidale, et son produit, sans être très-abondant, est cependant soutenu. Son fruit, variable dans sa qualité, suivant le sol et la saison, bien préférable dans les sols sains et par les saisons chaudes, doit être recommandé pour les pays du Midi où il pourrait développer toute la richesse de son sucre et la délicatesse de sa saveur.

DESCRIPTION.

Rameaux assez forts, peu allongés et souvent un peu épaissis à leur sommet très-obscurément anguleux ou presque unis dans leur contour, à peine flexueux, à entre-nœuds un peu longs et inégaux entre eux, verdâtres du côté de l'ombre, un peu teints de jaune du côté du soleil; lenticelles blanchâtres, un peu longues, arrondies, largement et régulièrement espacées et un peu apparentes.

Boutons à bois moyens, coniques, un peu maigres et aigus, à direction un peu écartée du rameau, soutenus sur des supports renflés dont l'arête médiane se prolonge à peine distinctement; écailles d'un marron peu foncé et bordé de grisâtre.

Pousses d'été d'un vert clair et gai à peine ou non lavées de rouge et peu duveteuses sur une assez grande largeur à leur partie supérieure.

Feuilles des pousses d'été moyennes, ovales-elliptiques ou ovales un peu élargies, se terminant un peu brusquement en une pointe large, un peu longue et finement aiguë, presque planes ou même souvent un peu convexes, bordées de dents larges, profondes et obtuses, s'abaissant peu sur des pétioles de moyenne longueur, de moyenne force et peu souples.

Stipules longues, linéaires-étroites, presque filiformes.

Feuilles stipulaires manquant ordinairement.

Boutons à fruit moyens, conico-ovoïdes, maigres, allongés, un peu anguleux et aigus; écailles rougeâtres.

Fleurs presque moyennes; pétales ovales-élargis, froissés dans leur contour, un peu lavés de rose avant l'épanouissement; pédicelles très-courts, forts et un peu laineux.

Feuilles des productions fruitières. plus grandes que celles des pousses d'été, ovales plus ou moins élargies, souvent très-brusquement atténuées vers le pétiole, se terminant peu brusquement en une pointe large et cependant finement aiguë, presque planes ou souvent ondulées dans leur contour et largement contournées sur leur longueur, régulièrement bordées de dents assez peu profondes, couchées, obtuses ou peu aiguës, assez peu soutenues sur des pétioles longs, grêles et peu flexibles.

Caractère saillant de l'arbre : teinte générale du feuillage d'un vert clair et gai; toutes les feuilles finement acuminées.

Fruit gros ou assez gros, sphérico-conique, épaissi et souvent un peu bosselé dans sa surface, atteignant sa plus grande épaisseur peu au-dessous du milieu de sa hauteur; au-dessus de ce point, s'atténuant assez brusquement par une courbe à peine convexe ou à peine concave en une pointe courte, peu épaisse et obtuse à son sommet; au-dessous de ce même point, s'atténuant un peu moins que du côté de la queue par une courbe largement convexe pour ensuite s'aplatir un peu autour de la cavité de l'œil.

Peau un peu ferme, d'abord d'un vert décidé et vif semé de points gris cernés d'un vert plus foncé, nombreux, régulièrement espacés et souvent assez peu apparents. Une rouille brune s'étale en étoile dans la dépression de l'œil et parfois forme une tache de peu d'étendue vers le point d'attache de la queue. A la maturité, **courant et fin Hiver,** le vert fondamental passe au jaune clair et le côté du soleil se distingue seulement par un ton un peu plus chaud.

Œil grand, ouvert, à divisions courtes, bien fermes, dressées, placé dans une dépression très-évasée et souvent un peu irrégulière.

Queue courte, un peu forte, le plus souvent un peu courbée, bien ligneuse, attachée un peu obliquement à fleur de l'excroissance charnue et irrégulièrement plissée qui termine le fruit.

Chair bien blanche, demi-fine, assez fondante, abondante en eau douce, sucrée, finement acidulée, relevée d'une saveur rafraîchissante, constituant un fruit de bonne qualité.

NOUVEAU DOYENNÉ D'HIVER

(NEW WINTER DECHANTSBIRNE)

(N° 5)

Illustrirtes Handbuch der Obstkunde. OBERDIECK.

OBSERVATIONS. — Cette variété, que Diel mentionne pour la première fois dans sa *New Ausgabe der Kernobstsorten*, est un gain de Van Mons, et d'après Oberdieck, reçut d'abord le nom de Nouvelle Pentecôte. Je n'ai pu en trouver aucune trace dans son catalogue de 1823 ; aussi ai-je conservé la dénomination employée par Oberdieck. — L'arbre est peu vigoureux sur cognassier, et d'une vigueur moyenne sur franc. Il forme bientôt un grand nombre de boutons, mais malheureusement ses fleurs, trop délicates, nouent mal leur fruit, et sa fertilité, chez moi, est toujours des plus douteuses. Il paraît que dans le Sud de l'Allemagne et à l'espalier son fruit est fondant ou demi-fondant ; je ne l'ai jamais obtenu ainsi ; son eau douce et sucrée le rendrait alors assez agréable. Sa chair, que j'ai toujours trouvée cassante ou demi-cassante, est aussi assez peu relevée pour qu'il me soit permis de bien le recommander.

DESCRIPTION.

Rameaux fluets, presque unis dans leur contour, bien droits, à entre-nœuds inégaux entre eux, d'un rouge sanguin clair et vif ; lenticelles blanches, petites, un peu allongées, peu nombreuses et bien apparentes.

Boutons à bois petits, coniques, courts, épais, à pointe extrêmement courte et émoussée, à direction peu écartée du rameau, soutenus sur des supports très-peu saillants, dont les côtés et l'arête médiane se prolongent à peine.

Pousses d'été d'un vert foncé à leur partie inférieure, d'un vert plus clair et peu duveteuses à leur sommet.

Feuilles des pousses d'été moyennes, exactement ovales, se terminant assez régulièrement en une pointe bien aiguë, régulièrement bordées de dents fines, peu profondes et un peu aiguës, peu repliées sur leur nervure médiane et un peu arquées, s'abaissant un peu sur des pétioles de moyenne longueur et presque horizontaux.

Stipules très-courtes, en alênes fines.

Feuilles stipulaires se présentant assez souvent.

Boutons à fruit petits, sphérico-ovoïdes ou presque sphériques ; écailles d'un joli marron peu foncé.

Fleurs bien petites; pétales ovales-arrondis, concaves, parfois un peu échancrés à leur sommet, un peu roses avant l'épanouissement ; divisions du calice courtes, étalées ou un peu recourbées en dessous ; pédicelles très-courts, de moyenne force et un peu duveteux.

Feuilles des productions fruitières petites ou presque moyennes, ovales, un peu échancrées vers le pétiole, se terminant régulièrement en une pointe extrêmement courte, presque inappréciable, bordées de dents fines, peu profondes et un peu émoussées, peu repliées sur leur nervure médiane et arquées ou largement contournées, assez bien soutenues sur des pétioles un peu longs, grêles, raides, un peu divergents ou un peu redressés.

Caractère saillant de l'arbre : teinte générale du feuillage d'un vert gai et brillant; toutes les feuilles plus ou moins petites et bien finement dentées ; direction bien perpendiculaire des rameaux.

Fruit moyen, sphérique ou sphérico-conique, un peu déprimé à ses deux pôles, uni dans son contour, atteignant sa plus grande épaisseur à peu près au milieu ou très-peu au-dessous du milieu de sa hauteur; au-dessus de ce point, s'atténuant par une courbe largement convexe en une pointe courte, épaisse et un peu tronquée à son sommet; au-dessous du même point, s'arrondissant d'abord assez brusquement pour ensuite s'aplatir autour de la cavité de l'œil.

Peau un peu épaisse et ferme, d'abord d'un vert très-clair semé de petits points bruns, nombreux, serrés, très-régulièrement espacés d'une manière caractéristique. Rarement on trouve quelques traces de rouille sur sa surface. A la maturité, **fin d'hiver et printemps,** le vert fondamental passe au jaune paille pâle et seulement un peu doré du côté du soleil.

Œil grand, fermé, à divisions courtes et très-fermes, placé dans une cavité en forme de godet assez peu profond, évasé, divisé dans ses parois par des plis saillants qui se continuent souvent sur ses bords en formant des côtes très-aplanies et qui ne se prolongent pas sur le ventre du fruit.

Queue très-courte, forte, très-raide, insérée perpendiculairement dans une petite cavité le plus souvent régulière par ses bords.

Chair blanche, assez fine, serrée, cassante ou mi-cassante, peu abondante en eau douce, sucrée mais sans parfum bien appréciable.

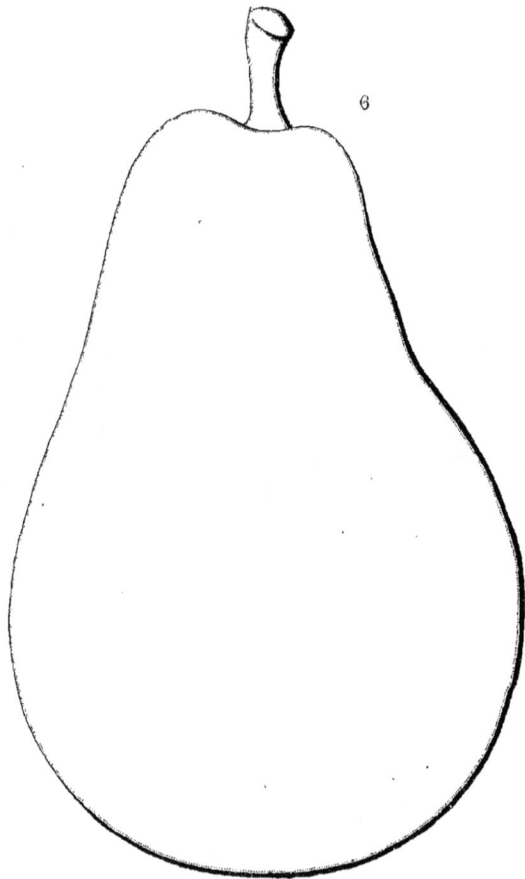

5 , NOUVEAU DOYENNÉ D'HIVER.   G, BELLE DE THOUARS

Imp. A. Tournier à Lyon

BELLE DE THOUARS

(N° 6)

Pomologie de la Seine-Inférieure. PRÉVOST,
Jardin fruitier du Muséum. DECAISNE.
Dictionnaire de pomologie. ANDRÉ LEROY.
BELLE DE JERSEY. *The Fruits and the fruit-trees of America.* DOWNING.
BELLE DE TROYES. ST-MARC. *Quelques catalogues français.*

OBSERVATIONS. — Le nom de cette variété indique-t-il son origine?
M. André Leroy, bien placé pour s'en assurer, ne peut en donner la certitude. Elle est assez généralement répandue en France et m'a été montrée dans différents pays par des cultivateurs qui ignoraient son nom. Elle
est assez estimée pour son fruit abondant, de jolie apparence, de meilleure
qualité pour les usages de la cuisine que pour la table. Il présente quelques rapports de forme et de qualité avec l'ancienne poire de Martin-Sire
qu'il surpasse par sa saveur et sa facilité de conservation. — L'arbre, d'une
vigueur normale, aussi bien sur cognassier que sur franc, forme bien sa
tête, se feuille bien et devient bientôt d'une bonne fertilité.

DESCRIPTION.

Rameaux forts, courts, unis dans leur contour, souvent épaissis et surmontés d'un
bouton à fruit à leur sommet, à peine coudés à leurs entre-nœuds, de couleur noisette ;
lenticelles très-petites, arrondies, peu nombreuses et peu apparentes.

Boutons à bois moyens, coniques, courts, épaissis à leur base et cependant
aigus, à direction écartée du rameau, soutenus sur des supports un peu saillants dont les
côtés et l'arête médiane ne se prolongent pas; écailles presque noires et largement bordées
de gris argenté.

Pousses d'été d'un vert terne, bien colorées de rouge et duveteuses à leur
sommet.

Feuilles des pousses d'été assez grandes, ovales-élargies, se terminant
presque régulièrement en une pointe très-finement aiguë, peu repliées sur leur nervure

médiane et peu arquées, bordées de dents un peu profondes et peu aiguës, s'abaissant un peu sur des pétioles courts, forts et redressés.

Stipules assez longues, linéaires, un peu élargies.

Feuilles stipulaires se montrant quelquefois.

Boutons à fruit gros, conico-ovoïdes, un peu aigus ; écailles d'un marron foncé, presque noir et bordé de gris argenté.

Fleurs petites; pétales ovales-arrondis et un peu atténués à leur sommet, concaves; divisions du calice courtes, élargies à leur base et recourbées en dessous; pédicelles très-courts, très-forts et laineux.

Feuilles des productions fruitières grandes, ovales-elliptiques et allongées, se terminant régulièrement en une pointe presque nulle, tantôt un peu repliées sur leur nervure médiane, tantôt un peu concaves, bordées de dents extraordinairement peu profondes, peu distinctes et émoussées, s'abaissant sur des pétioles de moyenne longueur ou courts, très-forts et divergents.

Caractère saillant de l'arbre : teinte générale du feuillage d'un vert décidé et brillant; toutes les feuilles amples et épaisses; tous les pétioles bien forts.

Fruit moyen ou gros, piriforme-ovoïde, ordinairement uni dans son contour, atteignant sa plus grande épaisseur plus ou moins au-dessous du milieu de sa hauteur; au-dessus de ce même point, s'atténuant par une courbe d'abord largement convexe, puis encore plus largement concave en une pointe longue, tantôt aiguë, tantôt obtuse; au-dessous de ce même point, s'atténuant par une courbe peu convexe pour diminuer sensiblement d'épaisseur vers la cavité de l'œil.

Peau épaisse et ferme, rude au toucher, entièrement recouverte d'une rouille dense et uniforme. A la maturité, **octobre,** la rouille se dore, le côté du soleil est lavé d'un rouge de grenade sur lequel on remarque une multitude de petits points grisâtres et un peu saillants, et du côté de l'ombre les points sont d'un gris brun et très-peu apparents.

Œil petit, ouvert ou demi-ouvert, à divisions très-courtes, tantôt dressées, tantôt étalées, placé dans une cavité ou dépression un peu plissée dans ses parois et ordinairement régulière par ses bords.

Queue courte, forte, attachée perpendiculairement ou peu obliquement, tantôt à fleur de la pointe du fruit, tantôt dans une légère dépression.

Chair blanche, demi-fine, mi-cassante, à peine suffisante en eau sucrée, vineuse, assez agréable dans certains sols.

CRASSANE LIBOTTON

(N° 7)

Catalogue. VAN MONS. 1823.
BERGAMOTTE LIBOTTON. Catalogue. BIVORT. 1851-1852.
BERGAMOTTE LIBETTENT VERTE. Catalogue. JAMIN-DURAND.

OBSERVATIONS. — Le Catalogue de Van Mons fait suivre le nom de Crassane Libotton de l'indication : obtenue par son patron. Cette variété serait donc, d'après lui, un gain de M. Libotton, dont les qualités nous sont inconnues. M. Bivort, dans son catalogue, fait suivre le nom de Bergamotte Libotton, peut-être le plus répandu, de celui de M. Bouvier, comme pour annoncer qu'il en serait l'auteur ou peut-être seulement le premier propagateur. M. Jamin, duquel nous tenons cette variété qui nous est aussi parvenue d'autres localités, la nomme Libettent verte, par une corruption du mot Libotton, mais son qualificatif *verte* convient très-bien à notre fruit, qui change très-peu de couleur à la maturité. — L'arbre est vigoureux sur cognassier et très-vigoureux sur franc, et s'accommode peu des formes taillées. Il est d'un rapport tardif, mais ensuite très-abondant. Il convient pour la grande culture.

DESCRIPTION.

Rameaux peu forts, unis dans leur contour, bien coudés à leurs entre-nœuds, d'un vert foncé; lenticelles grisâtres, allongées, peu nombreuses et peu apparentes.

Boutons à bois moyens, coniques, courts, un peu obtus, à direction bien écartée du rameau, soutenus sur des supports renflés plutôt que saillants et dont les côtés et l'arête médiane ne se prolongent pas; écailles d'un marron clair, presque entièrement recouvertes de gris blanchâtre.

Pousses d'été d'un vert terne et bien cotonneuses à leur sommet.

Feuilles des pousses d'été ovales-élargies ou ovales-arrondies, un peu repliées sur leur nervure médiane et un peu arquées, entières par leurs bords, s'abaissant un peu sur des pétioles de moyenne longueur, de moyenne force et horizontaux.

Stipules courtes, filiformes, très-caduques.

Feuilles stipulaires assez fréquentes.

Boutons à fruit petits, coniques, un peu aigus, à pointe courte; écailles d'un marron foncé, largement bordées de gris blanchâtre.

Fleurs moyennes; pétales ovales, entièrement blancs avant l'épanouissement; pédicelles courts, grêles et cotonneux.

Feuilles des productions fruitières ovales, plus allongées que celles des pousses d'été, un peu repliées sur leur nervure médiane ou concaves, entières par leurs bords, mal soutenues sur des pétioles assez longs, grêles et flexibles.

Caractère saillant de l'arbre : teinte générale du feuillage d'un vert grisâtre; les plus jeunes feuilles un peu recouvertes d'un duvet blanc; toutes les feuilles entières.

Fruit petit ou presque moyen, presque sphérique, déprimé à ses deux pôles, ordinairement uni dans son contour, atteignant sa plus grande épaisseur à peu près au milieu de sa hauteur; au-dessus et au-dessous de ce point, s'arrondissant par des courbes presque de même longueur et presque également convexes, soit du côté de la queue, soit du côté de l'œil, autour duquel il s'aplatit assez largement.

Peau épaisse, d'abord d'un vert assez intense semé de points noirs, un peu nombreux, et qui sont rendus très-apparents par le vert bien foncé dont ils sont cernés. On remarque aussi quelques traits fins d'une rouille grise, soit dans la cavité de la queue, soit dans celle de l'œil. A la maturité, **septembre-octobre**, le vert fondamental s'éclaircit un peu en jaune, les points sont moins visibles, et sur les fruits bien exposés, le côté du soleil est rarement lavé d'un peu de rouge.

Œil grand, demi-ouvert, à divisions noirâtres, le plus souvent dressées et un peu fermes, placé dans une cavité peu profonde, un peu bosselée dans ses parois.

Queue courte, forte, épaissie à son point d'attache au rameau, insérée perpendiculairement dans une cavité peu profonde et largement évasée.

Chair blanche, demi-fine, demi-fondante, un peu pierreuse vers le cœur, suffisante en eau sucrée, vineuse, assez agréablement parfumée.

FONDANTE DE CUERNE

(N° 8)

Annales de pomologie belge. Bivort.
Bulletin de la Société Van Mons.
Dictionnaire de pomologie. André Leroy.

OBSERVATIONS. — M. Bivort dit que cette variété fut trouvée par M. Reynaert Beernaert aux environs de Lacortay, près du village dont elle porte le nom. Elle est à recommander à la grande culture pour la vigueur et la rusticité de son arbre, pour la qualité et la belle apparence de son fruit de transport facile et de maturation prolongée, surtout s'il a été cueilli un peu longtemps d'avance.

DESCRIPTION.

Rameaux de moyenne force, bien épaissis à leur sommet, finement anguleux dans leur contour, presque droits, à entre-nœuds très-inégaux entre eux, d'un brun jaunâtre du côté de l'ombre et un peu teinté de rouge du côté du soleil; lenticelles jaunâtres, moyennes, arrondies, peu nombreuses et apparentes.

Boutons à bois très-petits, coniques, courts et très-aigus, à direction souvent écartée du rameau, soutenus sur des supports tantôt un peu renflés, tantôt presque nuls, et dont l'arête médiane se prolonge seule et très-finement; écailles d'un marron rougeâtre et brillant.

Pousses d'été d'un vert très-clair et très-légèrement lavées de rouge terne à leur partie supérieure.

Feuilles des pousses d'été moyennes, ovales-elliptiques, se terminant brusquement en une pointe courte et aiguë, planes ou presque planes, bordées de dents très-fines, très-peu profondes et un peu émoussées, soutenues à peu près horizontalement sur des pétioles de moyenne longueur, de moyenne force et presque horizontaux.

Stipules longues, presque filiformes.

Feuilles stipulaires rares.

Boutons à fruit petits, conico-ovoïdes, un peu allongés et un peu aigus; écailles d'un marron rougeâtre brillant et uniforme.

Fleurs moyennes; pétales obovales-élargis, tronqués et souvent largement échancrés à leur sommet, entièrement blancs avant l'épanouissement; divisions du calice courtes, finement aiguës et étalées; pédicelles de moyenne longueur, bien forts et duveteux.

Feuilles des productions fruitières moins larges que celles des pousses d'été, obovales et sensiblement atténuées du côté du pétiole, se terminant brusquement en une pointe très-courte et très-fine, presque planes et un peu ondulées dans leur contour, presque imperceptiblement dentées, assez peu soutenues sur des pétioles très-longs, très-grêles et un peu redressés.

Caractère saillant de l'arbre : teinte générale du feuillage d'un vert clair et jaune; toutes les feuilles à peine dentées; pétioles des feuilles des productions fruitières remarquablement grêles.

Fruit gros, conique-piriforme, un peu irrégulier dans son contour, atteignant sa plus grande épaisseur bien près de sa base; au-dessus de ce point, s'atténuant peu et lentement par une courbe d'abord à peine convexe puis un peu concave en une pointe longue, bien épaisse, largement obtuse ou tronquée à son sommet; au-dessous du même point, s'atténuant promptement par une courbe peu convexe pour diminuer sensiblement d'épaisseur vers la cavité de l'œil, de sorte que le fruit, quoique d'un beau volume, ne s'asseoit que sur une très-petite surface.

Peau assez mince et tendre, d'abord d'un vert clair et un peu jaune semé de points d'un vert plus foncé, nombreux, irrégulièrement espacés et un peu apparents. On remarque ordinairement quelques traces de rouille dans la cavité de l'œil et rarement sur d'autres parties de la surface du fruit. A la maturité, **fin d'août et commencement de septembre,** le vert fondamental passe au beau jaune citron, un peu pâle du côté de l'ombre et un peu doré du côté du soleil, sur lequel les points deviennent fauves et apparents.

Œil petit, demi-ouvert, à divisions frêles et souvent caduques, placé dans une petite cavité bien régulière, évasée, unie dans ses parois, et dont les bords peu épais mais bien réguliers permettent au fruit de se tenir debout.

Queue courte, forte, épaissie à ses deux extrémités, charnue, élastique, de couleur clair, tantôt attachée à fleur de la pointe du fruit, tantôt insérée entre des plis peu prononcés et divergents.

Chair bien blanche, assez fine, beurrée, fondante, suffisante en eau richement sucrée et relevée, sans parfum bien appréciable, constituant un fruit de bonne qualité.

FONDANTE SICKLER

(SICKLERS SCHMALZBIRNE)

(N° 9)

Catalogue. VAN MONS. 1823.
Systematische Beschreibung der Kernobstsorten. DIEL.
Systematisches Handbuch der Obstkunde. DITTRICH.
Illustrirtes Handbuch der Obstkunde. OBERDIECK.

OBSERVATIONS. — Van Mons indique dans son Catalogue qu'il fut l'obtenteur de cette variété qu'il dédia au pomologiste allemand Sickler. — L'arbre est d'une vigueur contenue sur cognassier et se prête facilement, sur ce sujet, aux petites formes telles que la pyramide et surtout le fuseau se maintenant bien garni de productions fruitières solides. Toutefois, sa meilleure destination est la haute tige sur franc dont la tige robuste s'élève bien en une tête compacte et se couvrant bientôt des plus riches récoltes.

DESCRIPTION.

Rameaux assez forts, un peu anguleux dans leur contour, presque droits, à entre-nœuds très-courts, verdâtres; lenticelles blanchâtres, peu nombreuses et un peu appparentes.

Boutons à bois petits, coniques, courts, très-épais et très-courtement aigus, à direction écartée du rameau, soutenus sur des supports saillants dont l'arête médiane se prolonge finement; écailles presque noires, brillantes et bordées de gris argenté.

Pousses d'été d'un vert clair, souvent non colorées de rouge à leur sommet recouvert d'un duvet laineux, blanc et épais.

Feuilles des pousses d'été petites, les unes ovales-elliptiques, les autres obovales et sensiblement étroites, se terminant très-brusquement en une pointe extraordinairement courte, peu appréciable, repliées sur leur nervure médiane et arquées, irrégulièrement découpées par leurs bords plutôt que dentées, bien soutenues sur des pétioles courts, grêles et dressés.

Stipules en alênes courtes et fines.

Feuilles stipulaires très-fréquentes.

Boutons à fruit gros, coniques, courts, un peu renflés, obtus ; écailles extérieures largement arrondies, d'un beau brun bordé de gris cendré ; écailles intérieures bordées d'un duvet gris.

Fleurs presque moyennes ; pétales elliptiques-arrondis, concaves, à onglet très-court, se touchant presque entre eux ; divisions du calice extraordinairement courts et bien recourbées en dessous; pédicelles longs, grêles et un peu laineux.

Feuilles des productions fruitières présentant la même forme que celles des pousses d'été et d'une plus grande dimension, se terminant en une pointe courte, finement aiguë et bien recourbée en dessous, un peu repliées sur leur nervure médiane ou creusées en gouttière, bordées de dents irrégulières, peu profondes, obtuses et souvent peu appréciables, bien soutenues sur des pétioles de moyenne longueur, peu forts et raides.

Caractère saillant de l'arbre : teinte générale du feuillage d'un vert intense; sommet des jeunes pousses bien recouvert d'un duvet laineux; toutes les feuilles courtement acuminées.

Fruit petit, presque exactement ovoïde, parfois un peu piriforme, ordinairement uni dans son contour, atteignant sa plus grande épaisseur peu au-dessous du milieu de sa hauteur; au-dessus de ce point, s'atténuant par une courbe tantôt peu convexe, tantôt d'abord convexe, puis un peu concave en une pointe peu longue, un peu épaisse et obtuse; au-dessous du même point, s'atténuant par une courbe largement convexe pour diminuer un peu sensiblement d'épaisseur vers la cavité de l'œil.

Peau un peu épaisse et ferme, d'abord d'un vert clair et vif semé de points d'un vert plus foncé, nombreux et très-apparents. Souvent on remarque sur sa surface des traces d'une rouille brune et épaisse et surtout sur la base du fruit A la maturité, **septembre**, le vert fondamental passe au jaune citron et le côté du soleil se dore sans jamais se recouvrir d'aucune teinte de rouge.

Œil grand, bien ouvert, à divisions larges, grisâtres, placé à fleur de la base du fruit.

Queue de moyenne longueur, un peu forte, ligneuse, attachée un peu obliquement à fleur de la pointe du fruit dont elle semble former la continuation.

Chair d'un blanc un peu teinté de jaune, demi-fine, demi-beurrée, pierreuse vers le cœur, suffisante en eau sucrée et musquée, constituant un fruit seulement de seconde qualité.

GROSSE DE HARRISON

(HARRISON'S LARGE FALL)

(N° 10)

The Fruits and the fruit-trees of America. DOWNING.
The American fruit Culturist. THOMAS.
DE RUSHMORE. *Dictionnaire de pomologie.* ANDRÉ LEROY.

OBSERVAVIONS. — Cette variété est d'origine américaine, et Downing lui donne les synonymes suivants : Bon-Chrétien de Rushmore, Gros OEuf de Cigne, Richmond, Lott d'Englebert, Poire de Lott; c'est sous ce dernier nom que je l'ai reçue d'une pépinière française dont j'ai oublié le nom. — L'arbre est d'une grande vigueur, même sur cognassier, d'une croissance vive dans sa jeunesse et cependant d'un rapport précoce. Sa haute tige sur franc forme une tête d'une grande dimension et d'une grande fertilité; elle conviendrait bien au verger de campagne pour sa rusticité.

DESCRIPTION.

Rameaux très-forts, bien anguleux dans leur contour, presque droits, à entre-nœuds de moyenne longueur et un peu inégaux entre eux, d'un brun jaunâtre à l'ombre et lavés de rouge vif du côté du soleil; lenticelles blanches, allongées, nombreuses et apparentes.

Boutons à bois gros, coniques, bien aigus, à direction parallèle au rameau vers lequel ils se recourbent un peu par leur pointe, soutenus sur des supports extraordinairement saillants dont les côtés et l'arête médiane se prolongent bien distinctement; écailles d'un marron rougeâtre foncé et largement bordé de gris blanchâtre.

Pousses d'été d'un vert jaune à leur partie inférieure et d'un vert clair à leur sommet.

Feuilles des pousses d'été à peine moyennes, ovales, un peu sensiblement atténuées vers le pétiole et se terminant régulièrement en une pointe ferme, peu repliées sur leur nervure médiane et bien arquées, presque entières ou irrégulièrement découpées par leurs bords plutot que dentées, se recourbant sur des pétioles longs, un peu forts et redressés.

Stipules longues, linéaires-étroites et finement aiguës.

Feuilles stipulaires manquant ordinairement.

Boutons à fruit ovoïdes, un peu courts, bien renflés et courtement aigus; écailles d'un marron rougeâtre foncé.

Fleurs moyennes; pétales obovales-arrondis, entièrement blancs avant et après l'épanouissement; divisions du calice longues et finement aiguës; pédicelles longs, forts et presque glabres.

Feuilles des productions fruitières grandes, elliptiques ou elliptiques-arrondies, se terminant un peu brusquement en une pointe large et très-courte, un peu concaves, entières ou presque entières par leurs bords, mal soutenues sur des pétioles de moyenne force et flexibles.

Caractère saillant de l'arbre : teinte générale du feuillage d'un vert herbacé mat; feuilles des productions fruitières tendant à la forme arrondie; toutes les feuilles entières ou presque entières par leurs bords; aspect général d'une grande vigueur.

Fruit gros, turbiné-piriforme, court et bien ventru, ordinairement inconstant et irrégulier dans sa forme et déformé dans son contour par des côtes épaisses et aplanies, atteignant sa plus grande épaisseur plus ou moins au-dessous du milieu de sa hauteur; au-dessus de ce point, s'atténuant par une courbe d'abord bien convexe puis brusquement et largement concave en une pointe plus ou moins courte, épaisse, largement obtuse ou tronquée à son sommet; au-dessous du même point, s'arrondissant brusquement par une courbe bien convexe jusque dans la cavité de l'œil.

Peau épaisse et cependant tendre, d'abord d'un vert clair et pâle semé de points d'un gris noir, un peu cernés de vert plus foncé. On remarque parfois quelques traces d'une rouille brune, un peu rude au toucher, dans la cavité de l'œil. A la maturité, **fin de septembre, octobre,** le vert fondamental passe au jaune clair, les points conservent leur auréole verte bien distincte et le côté du soleil est richement flammé de rouge orangé.

Œil petit, fermé ou presque fermé, à divisions courtes, jaunâtres, un peu comprimé au fond d'une cavité profonde, largement évasée, dont les bords, quoique souvent irréguliers, permettent au fruit de s'asseoir solidement.

Queue assez courte ou de moyenne longueur, peu forte, ligneuse, semblant former la continuation de l'excroissance charnue et souvent plissée circulairement qui termine le fruit.

Chair bien blanche, demi-fine, beurrée, suffisante en eau sucrée et parfumée à la manière du melon.

CEDARMERE

(No 11)

The Fruits and the fruit-trees of America. DOWNING.

OBSERVATIONS. — D'après Downing, cette variété serait née sur les terres de M. W. C. Bryant, à Roslyn, Long-Island. — L'arbre est d'une vigueur normale sur cognassier et d'une fertilité précoce et très-grande. Il semble assez rustique pour convenir au grand verger et son fruit s'améliore par une cueillette anticipée.

DESCRIPTION.

Rameaux de moyenne force, souvent surmontés d'un bouton à fruit à leur sommet, presque droits, à entre-nœuds courts, d'un brun clair teinté de rougeâtre ; lenticelles grisâtres, larges, saillantes, presque arrondies, assez nombreuses et apparentes.

Boutons à bois assez gros, coniques, épais et peu aigus, à direction écartée du rameau, soutenus sur des supports très-peu saillants dont les côtés et l'arête médiane ne se prolongent pas; écailles d'un marron rougeâtre et brillant.

Pousses d'été d'un vert décidé, colorées de rouge et peu duveteuses à leur sommet.

Feuilles des pousses d'été petites, ovales un peu allongées, un peu sensiblement atténuées vers le pétiole, se terminant peu brusquement en une pointe un peu longue, bien creusées en gouttière et un peu arquées, s'abaissant un peu sur des pétioles un peu longs, bien grêles, souvent horizontaux ou presque horizontaux.

Stipules longues, linéaires-étroites.

Feuilles stipulaires manquant presque toujours.

Boutons à fruit assez gros, sphérico-ovoïdes, se terminant brusquement en une pointe courte; écailles extérieures d'un marron rougeâtre peu foncé; écailles intérieures couvertes d'un duvet fauve.

Fleurs petites ; pétales arrondis, concaves, à onglet court, se touchant entre eux, divisions du calice de moyenne longueur, finement aiguës et peu recourbées en dessous ; pédicelles courts, un peu forts et un peu duveteux.

Feuilles des productions fruitières petites, ovales-allongées, s'atténuant lentement et régulièrement pour se terminer en une pointe courte, peu creusées en gouttière et arquées, bordées de dents très-peu profondes et émoussées, se recourbant sur des pétioles courts, très-grêles et un peu fermes.

Caractère saillant de l'arbre : teinte générale du feuillage d'un vert gai ; toutes les feuilles creusées en gouttière et arquées ; tous les pétioles très-grêles ; rameaux prenant une direction bien perpendiculaire.

Fruit petit ou presque moyen, presque sphérique, s'arrondissant en demi-sphère du côté de la queue et un peu tronqué du côté de l'œil, bien uni dans son contour, atteignant sa plus grande épaisseur au milieu de sa hauteur ; au-dessus et au-dessous de ce point, s'arrondissant par des courbes de même longueur et presque également convexes.

Peau fine et cependant un peu ferme, d'abord d'un vert d'eau semé de points d'un gris verdâtre, nombreux, bien régulièrement espacés et apparents. On remarque rarement des traces de rouille sur sa surface. A la maturité, **commencement d'août,** le vert fondamental passe au jaune clair, conservant souvent une teinte encore un peu verdâtre, les points sont plus accentués et plus visibles du côté du soleil, souvent aussi pointillés de rouge sanguin.

Œil fermé ou demi-fermé, à divisions très-courtes, un peu enfoncé dans une cavité étroite, assez peu profonde, finement plissée dans ses parois et ordinairement régulière par ses bords.

Queue courte, peu forte, épaissie à son point d'attache au rameau, un peu courbée, attachée un peu obliquement dans une cavité étroite, un peu profonde et dont les bords sont ordinairement réguliers.

Chair blanche, fine, serrée, beurrée, suffisante en eau douce, sucrée, délicatement parfumée, constituant un fruit de bonne qualité.

ANGÉLIQUE DE BORDEAUX

(N° 12)

Traité des arbres fruitiers. DUHAMEL.
Manuel complet du jardinier. NOISETTE.
Traité complet sur les pépinières. CALVEL.
Jardin fruitier du Muséum. DECAISNE.
Dictionnaire de pomologie. ANDRÉ LEROY.
A Guide to the orchard. LINDLEY.
The Fruits and the fruit-trees of America. DOWNING.
The fruit Manual. ROBERT HOGG.
ANGÉLIKABIRNE VON BORDEAUX. *Systematisches Handbuch der Obstkunde.*
DITTRICH.
Illustrirtes Handbuch der Obstkunde. JAHN.
ST-MARTIAL. *Pomologie.* JEAN HERMANN KNOOP.

OBSERVATIONS. — Plusieurs pomologistes anciens et modernes ont cher-
ché l'origine de cette variété par des suppositions toutes gratuites, je me
contente donc de constater qu'elle est inconnue ou tout au moins incertaine. Quelques-uns ont même prétendu que son tempérament délicat qui
s'accommode mieux des climats du Midi indiquait qu'elle devait y avoir
pris naissance. Cette opinion semble peu fondée lorsque l'on sait, comme
aujourd'hui, les semis d'arbres fruitiers étant plus multipliés qu'autrefois, qu'une variété produite dans le Nord se trouve cependant très-bien
du soleil des pays chauds, et que réciproquement celle obtenue dans les
contrées méridionales se comporte souvent mieux dans celles du Nord. —
L'arbre délicat exige le plus souvent l'exposition à l'espalier pour se maintenir en santé et produire des fruits bien conformés et d'une valeur suffisante. Sa végétation est bonne sur cognassier et sa fertilité se fait attendre
trop longtemps sur franc. Elle ne convient donc que pour le jardin fruitier de l'amateur, cependant dans quelques localités privilégiées où elle
vient bien en plein air, la longue et facile conservation de son fruit la
recommande à la culture de spéculation.

DESCRIPTION.

Rameaux de moyenne force, presque unis dans leur contour, à entre-nœuds
courts, de couleur olivâtre sombre; lenticelles jaunâtres, larges, nombreuses, un peu saillantes et bien apparentes.

Boutons à bois petits, coniques, courts, épais, courtement aigus, à direction peu écartée du rameau, soutenus sur des supports peu saillants dont l'arête médiane se prolonge rarement d'une manière un peu distincte ; écailles d'un marron rougeâtre peu foncé.

Pousses d'été d'un vert jaune et bien duveteuses à leur sommet.

Feuilles des pousses d'été moyennes, ovales-lancéolées, et très-sensiblement atténuées à leurs deux extrémités, repliées sur leur nervure médiane et recourbées par leur pointe finement aiguë, duveteuses et irrégulièrement découpées par leurs bords plutôt que dentées, retombant un peu sur des pétioles de moyenne longueur, de moyenne force et le plus souvent horizontaux.

Stipules longues, filiformes, duveteuses et caduques.

Feuilles stipulaires rares.

Boutons à fruit moyens, conico-ovoïdes, un peu aigus; écailles d'un beau marron rougeâtre foncé.

Fleurs grandes; pétales ovales-allongés, souvent déchiquetés par leurs bords, un peu lavés de rose avant l'épanouissement; pédicelles longs, grêles et cotonneux.

Feuilles des productions fruitières plus grandes que celles des pousses d'été, étroites et très-allongées, se terminant en une pointe très-effilée, irrégulièrement découpées plutôt que dentées par leurs bords et souvent un peu contournées sur leur longueur, mal soutenues sur des pétioles longs, grêles et flexibles.

Caractère saillant de l'arbre : teinte générale du feuillage d'un vert bleu ; toutes les feuilles remarquablement étroites et allongées, de telle manière que cette variété est facilement reconnaissable à une certaine distance.

Fruit gros ou assez gros, inconstant dans sa forme, tantôt turbiné-court et tronqué, tantôt turbiné-conique et même conique-piriforme et bien ventru, ordinairement irrégulier dans son contour et souvent courbé sur sa hauteur, atteignant sa plus grande épaisseur, tantôt plus, tantôt moins, au-dessous du milieu de sa hauteur; au-dessus de ce point, s'atténuant, tantôt brusquement et par une courbe à peine convexe ou à peine concave en une pointe peu longue, peu épaisse et aiguë à son sommet, tantôt moins brusquement et par une courbe peu concave en une pointe assez courte, un peu épaisse, largement obtuse ou même tronquée à son sommet; au-dessous du même point, s'arrondissant par une courbe bien convexe jusque dans la cavité de l'œil.

Peau un peu ferme, finement chagrinée, d'abord d'un vert pâle semé de petits points gris cernés de vert plus foncé, nombreux, serrés et bien régulièrement espacés. Une rouille fauve couvre ordinairement la cavité de l'œil, se disperse un peu sur la base du fruit et rarement sur sa surface. A la maturité, **fin d'hiver et printemps,** le vert fondamental passe au jaune paille, prenant un ton seulement un peu plus chaud du côté du soleil.

Œil très-grand, ouvert, à divisions longues et étalées dans une cavité plus ou moins profonde, bien évasée et souvent un peu irrégulière par ses bords.

Queue longue, plus ou moins forte, ordinairement arquée, attachée le plus souvent obliquement, tantôt à fleur de la pointe du fruit et formant sa continuation, tantôt sur le plateau tarminant cette pointe, lorsqu'elle est tronquée à son sommet.

Chair blanchâtre, demi-fine, demi-cassante ou un peu beurrée à son extrême maturité, abondante en eau douce, sucrée, agréable, constituant un fruit qui a beaucoup de rapport par sa saveur avec le Bon-Chrétien d'hiver et cependant moins cassant et aussi moins parfumé.

DIRKJES PEER

(No 13)

Catalogue. JAHN. 1864.
Pomologia Batava. VAN NOORT.

OBSERVATIONS. — J'ai reçu de M. Jahn cette variété d'origine hollandaise. — L'arbre forme de belles pyramides sur cognassier ; toutefois sa véritable destination est la haute tige dans le verger de campagne. Il est rustique, fertile, et son fruit, seulement de seconde qualité, est surtout propre aux usages du ménage.

DESCRIPTION.

Rameaux forts, bien anguleux dans leur contour, flexueux, à entre-nœuds alternativement courts et allongés, de couleur verdâtre ; lenticelles blanchâtres, larges, tantôt arrondies, tantôt un peu allongées, nombreuses, largement espacées et apparentes.

Boutons à bois assez gros, coniques, aigus, à direction parallèle au rameau, soutenus sur des supports très-saillants dont les côtés et l'arête médiane se prolongent très-distinctement; écailles d'un marron très-foncé et brillant, largement bordées de gris blanchâtre.

Pousses d'été d'un vert d'eau terne et longtemps couvertes sur toute leur longueur d'un duvet farineux.

Feuilles des pousses d'été petites, obovales, se terminant assez brusquement en une pointe un peu longue et large, peu repliées sur leur nervure médiane et peu arquées et souvent contournées sur leur longueur, bordées de dents très-fines, très-peu profondes et aiguës, irrégulièrement soutenues sur des pétioles assez courts, grêles et recourbés.

Stipules en alênes de moyenne longueur, souvent recourbées ou dirigées bien obliquement.

Feuilles stipulaires manquant le plus souvent.

Boutons à fruit gros, conico-ovoïdes, aigus ; écailles d'un marron très-foncé et largement maculé de gris blanchâtre.

Fleurs moyennes ; pétales elliptiques-élargis, bien concaves, à onglet presque nul, se recouvrant entre eux, lavés de rose tendre avant l'épanouissement ; divisions du calice courtes, étroites, bien aiguës et bien recourbées en dessous ; pédicelles courts, un peu forts et cotonneux.

Feuilles des productions fruitières assez grandes, ovales bien élargies, se terminant peu brusquement en une pointe courte, convexes par leurs côtés et souvent largement ondulées dans leur contour, entières ou presque entières par leurs bords, mal soutenues sur des pétioles assez longs, grêles, divergents et souples.

Caractère saillant de l'arbre : teinte générale du feuillage d'un vert d'eau terne ; feuilles les plus jeunes couvertes à leurs pages supérieure et inférieure d'un duvet aranéeux ; feuilles des productions fruitières peu épaisses et molles au toucher.

Fruit moyen ou presque moyen, sphérico-conique, ordinairement uni dans son contour, atteignant sa plus grande épaisseur au-dessous du milieu de sa hauteur ; au-dessus de ce point, s'atténuant par une courbe à peine convexe en une pointe courte, épaisse et tronquée à son sommet ; au-dessous du même point, s'arrondissant par une courbe largement convexe pour ensuite s'aplatir autour de la cavité de l'œil.

Peau un peu ferme, d'abord d'un vert vif et bien fondu, sur lequel il est difficile de reconnaître les points. Quelques traces d'une rouille peu dense entourent l'œil. A la maturité, **août**, le vert fondamental passe au jaune citron clair sur lequel les points grisâtres, très-nombreux, très-serrés, deviennent un peu plus visibles, et le côté du soleil est doré ou finement rayé d'un rouge brun sur lequel ressortent bien de petits points jaunes.

OEil bien grand, bien ouvert, à divisions grisâtres, larges et courtes, à peine enfoncé dans une dépression très-peu sensible.

Queue courte, forte, bien ligneuse, attachée le plus souvent perpendiculairement dans une cavité étroite, peu profonde, divisée par ses bords en des rudiments de côtes qui ne se prolongent pas sur la hauteur du fruit.

Chair blanche, demi-fine, demi-cassante, suffisante en eau sucrée et agréablement acidulée.

DOCTEUR TURNER

(N° 14)

DOCTOR TURNER. *The Fruits and the fruit-trees of America.* DOWNING.

OBSERVATIONS. — D'après Downing, cette variété serait née dans l'Etat de Connecticut, mais le lieu de son origine n'est pas exactement connu. — L'arbre, d'une bonne végétation, est bien disposé par la force de son bois à la forme de fuseau, lorsqu'il est greffé sur cognassier, et greffé sur franc il forme une tête régulière, bien feuillue, dont le rapport n'est pas tardif et se maintient régulier, sans être très-abondant.

DESCRIPTION.

Rameaux forts, souvent surmontés d'un bouton à fruit, presque unis dans leur contour, flexueux, à entre-nœuds courts, d'un jaune verdâtre; lenticelles blanchâtres, un peu allongées, rares et assez peu apparentes.

Boutons à bois moyens, coniques, aigus, à direction écartée du rameau, soutenus sur des supports saillants dont l'arête médiane se prolonge très-obscurément; écailles d'un beau marron brillant et bordé de gris argenté.

Pousses d'été d'un vert décidé, colorées de rouge vineux et duveteuses à leur sommet.

Feuilles des pousses d'été moyennes, obovales ou obovales-elliptiques, se terminant presque régulièrement en une pointe finement aiguë, repliées sur leur nervure médiane, bien recourbées par leur pointe et souvent contournées pour leur extrémité, bordées de dents écartées, très-peu profondes, souvent peu appréciables, bien soutenues sur des pétioles de moyenne longueur, de moyenne force, tantôt redressés, tantôt un peu recourbés en dessous.

Stipules de moyenne longueur, en alênes fines.

Feuilles stipulaires manquant le plus souvent.

Boutons à fruit gros, conico-ovoïdes, aigus; écailles d'un beau marron rougeâtre et brillant.

Fleurs grandes; pétales ovales-élargis, concaves, à onglet court, se recouvrant un peu entre eux; divisions du calice de moyenne longueur, bien larges à leur base, un peu recourbées en dessous seulement par leur pointe; pédicelles bien longs, bien forts et cotonneux.

Feuilles des productions fruitières plus grandes que celles des pousses d'été, presque exactement elliptiques, se terminant un peu brusquement en une pointe tantôt courte, tantôt un peu longue, à peine concaves ou repliées sur leur nervure médiane, entières ou presque entières par leurs bords, assez mal soutenues sur des pétioles de moyenne longueur, de moyenne force et un peu souples.

Caractère saillant de l'arbre : teinte générale du feuillage d'un vert herbacé intense; feuilles des pousses d'été recourbées en dessous par leur pointe d'une manière remarquable; aspect général de vigueur.

Fruit gros, tantôt conique-piriforme, tantôt conico-cylindrique, ordinairement uni dans son contour, atteignant sa plus grande épaisseur bien près de sa base; au-dessus de ce point, s'atténuant lentement par une courbe d'abord peu convexe puis ensuite plus o moins concave en une pointe longue, plus ou moins épaisse et tronquée à son sommet; au-dessous du même point, s'atténuant brusquement par une courbe largement convexe jusque vers la cavité de l'œil.

Peau épaisse, d'abord d'un vert très-clair recouvert d'une sorte de fleur blanche et semé de points d'un gris vert bien nombreux, bien régulièrement espacés et apparents. Rarement on remarque quelques traces de rouille sur sa surface. A la maturité, **commencement d'août,** le vert fondamental passe au jaune verdâtre pâle, un peu doré ou rarement à peine lavé de rouge du côté du soleil.

Œil fermé, à divisions fragiles, placé dans une cavité très-peu profonde, évasée, faiblement sillonnée dans ses parois et par ses bords.

Queue assez longue, un peu forte, courbée, charnue à son attache sur la pointe tronquée du fruit où souvent une bosse la repousse obliquement.

Chair blanche, demi-fine, beurrée, peu abondante en eau sucrée, vineuse, parfois un peu astringente, constituant un fruit de seconde qualité.

UWCHLAN

(N° 15)

The Fruits and the fruit-trees of America. Downing.
The American fruit Culturist. Thomas.
Dictionnaire de pomologie. André Leroy.

Observations. — D'après Downing, cette variété aurait été obtenue par la veuve Dowlin, dans la circonscription d'Uwchlan, près de la rivière de Brandywine, Pensylvanie. — L'arbre est d'une végétation normale aussi bien sur cognassier que sur franc et s'accommode de toutes formes soumises à la taille, surtout de celle de pyramide. Son fruit excellent est un peu petit, aussi ne peut-il être recommandé pour le verger que dans les sols riches et profonds.

DESCRIPTION.

Rameaux peu forts, obscurément anguleux dans leur contour, droits, à entre-nœuds très-courts, jaunâtres et un peu teintés de vert par places ; lenticelles blanchâtres, extraordinairement petites et extraordinairement rares.

Boutons à bois moyens, coniques, un peu épais et un peu aigus, à direction écartée du rameau, soutenus sur des supports très-peu saillants dont les côtés et l'arête médiane se prolongent peu distinctement ; écailles d'un marron foncé et largement bordé de gris blanchâtre.

Pousses d'été d'un vert clair un peu jaune, bien colorées d'un rouge vif et peu duveteuses à leur sommet.

Feuilles des pousses d'été très-petites, ovales-élargies, se terminant brusquement en une pointe peu longue et fine, creusées en gouttière et arquées, bordées de dents écartées, peu profondes et un peu aiguës, bien soutenues sur des pétioles courts, extraordinairement grêles et redressés.

Stipules courtes ou de moyenne longueur, en alènes très-fines.

Feuilles stipulaires fréquentes.

Boutons à fruit assez gros, coniques, bien allongés et se terminant en une pointe courte ; écailles d'un marron terne.

Fleurs moyennes ; pétales ovales-allongés, bien atténués vers l'onglet, bien concaves, un peu écartés entre eux, à peine lavés de rose avant l'épanouissement ; divisions du calice extraordinairement courtes, fines et étalées ; pédicelles de moyenne longueur, grêles et duveteux.

Feuilles des productions fruitières petites, exactement ovales, se terminant presque régulièrement en une pointe très-courte et très-fine, creusées en gouttière et arquées, bien soutenues sur des pétioles peu longs, extraordinairement grêles et·cependant roides.

Caractère saillant de l'arbre : teinte générale du feuillage d'un vert vif ; toutes les feuilles petites ou très-petites ; tous les pétioles extraordinairement grêles.

Fruit petit ou presque moyen, sphérico-ovoïde et court ou presque sphérico-turbiné, le plus souvent tourmenté et irrégulier dans sa forme, atteignant sa plus grande épaisseur plus ou moins au-dessous du milieu de sa hauteur ; au-dessus de ce point, s'atténuant par une courbe peu concave en une pointe très-courte, très-épaisse et largement obtuse ; au-dessous du même point, s'arrondissant par une courbe bien convexe pour ensuite s'aplatir un peu autour de la cavité de l'œil.

Peau épaisse et cependant tendre, d'abord d'un vert d'eau peu foncé semé de points bruns qu'il est difficile de reconnaître à travers un réseau d'une rouille brune, épaisse, qui enveloppe toute sa surface en se condensant sur certaines places et surtout dans la cavité de l'œil. A la maturité, **milieu et fin d'août,** le vert fondamental passe au jaune paille et le côté du soleil est plus ou moins chaudement doré, mais sans prendre de rouge.

OEil moyen, demi-fermé, placé dans une cavité étroite, très-peu profonde et parfois irrégulière.

Queue de moyenne longueur, forte et bien charnue à son point d'attache sur la pointe du fruit sur laquelle elle prend une direction plus ou moins oblique.

Chair blanche, bien fine, serrée, fondante, abondante en eau richement sucrée, vineuse, relevée d'un parfum de musc fin et agréable, constituant un fruit de toute première qualité.

DONVILLE

(N° 16)

Traité des arbres fruitiers. DUHAMEL.
Nouveau traité des arbres fruitiers. LOISELEUR-DESLONGCHAMPS.
Handbuch aller bekannten Obstsorten. BIEDENFELD.
Dictionnaire de pomologie. ANDRÉ LEROY.

OBSERVATIONS. — Duhamel signale deux variétés de poires portant le nom de Donville ; celle que nous allons décrire est la première dont il s'occupe. Nous pourrions, avec M. André Leroy, en rappelant les synonymes de Carlot et de poire de Provence donnés par Merlet à une variété qu'il signale sous le nom de Donville, être disposés à croire que notre variété est peut-être originaire du Midi de la France, mais rien ne pouvant prouver que la Donville de Merlet est la même que la nôtre, nous préférons nous contenter de constater que son origine est inconnue. — L'arbre d'une bonne végétation, disposé naturellement à la forme pyramidale, convient surtout à la haute tige qui forme une tête élevée, régulière et bien feuillue. Son rapport est précoce et soutenu, et son fruit, de longue et facile conservation, n'est propre qu'aux usages du ménage.

DESCRIPTION.

Rameaux assez forts, presque droits, obscurément anguleux dans leur contour, à entre-nœuds très-inégaux entre eux, d'un brun souvent un peu ombré de gris ; lenticelles blanchâtres, assez larges, tantôt allongées, tantôt arrondies, assez peu nombreuses et un peu apparentes.

Boutons à bois moyens, coniques, élargis à leur base, presque appliqués au rameau vers lequel ils se recourbent par leur pointe très-aiguë et presque crochue, soutenus sur des supports saillants dont les côtés et l'arête médiane se prolongent peu distinctement ; écailles d'un beau marron rougeâtre brillant et largement bordé de gris.

Pousses d'été d'un vert d'eau foncé, colorées d'un rouge vineux du côté du soleil et longtemps couvertes sur presque toute leur longueur d'un duvet court et peu serré.

Feuilles des pousses d'été moyennes ou petites, exactement ovales, se
terminant presque régulièrement en une pointe courte et fine, bien creusées en gouttière
et un peu arquées, couvertes à leur page inférieure d'un duvet cotonneux, bordées de dents
inégales, très-peu profondes, bien couchées et peu aiguës, s'abaissant peu sur des pétioles
courts, de moyenne force et un peu flexibles.

Stipules assez longues, lancéolées-étroites.

Feuilles stipulaires manquant le plus souvent.

Boutons à fruit gros, conico-ovoïdes, à pointe courte et peu aiguë ; écailles
d'un marron jaunâtre et maculées de noir à leur centre.

Fleurs moyennes; pétales elliptiques-arrondis, concaves, à onglet large et court,
se touchant entre eux; divisions du calice longues, bien finement aiguës et bien rcourbées
en dessous; pédicelles bien longs, assez forts et à peine laineux.

Feuilles des productions fruitières grandes, ovales-allongées
et se terminant régulièrement en une pointe peu aiguë, bien creusées en gouttière et bien
arquées, presque entières ou bordées de dents très-inégales, très-émoussées et souvent
peu appréciables, s'abaissant sur des pétioles très-courts, forts et divergents.

Caractère saillant de l'arbre : teinte générale du feuillage d'un vert
clair et mât; toutes les feuilles bien creusées en gouttière ; pétioles des feuilles des productions fruitières remarquablement forts et courts.

Fruit moyen ou assez gros, piriforme-ovoïde et un peu ventru, ordinairement uni
dans son contour, atteignant sa plus grande épaisseur peu au-dessous du milieu de sa hauteur; au-dessus de ce point, s'atténuant assez brusquement par une courbe d'abord un peu
convexe puis concave en une pointe un peu longue, assez maigre et aiguë ; au-dessous du
même point, s'atténuant promptement par une courbe très-peu convexe pour diminuer
sensiblement d'épaisseur vers la cavité de l'œil.

Peau épaisse et ferme, d'abord d'un vert pâle semé de petits points d'un gris brun,
nombreux et serrés. Une tache d'une rouille fauve recouvre le sommet du fruit, et quelques traits d'une rouille d'un brun clair s'étendent dans la cavité de l'œil. A la maturité,
fin d'hiver, le vert fondamental passe au jaune pâle et terne, lavé du côté du soleil d'un rouge doré sur lequel les points sont plus apparents et même parfois deviennent
d'un rouge foncé.

Œil grand, ouvert ou demi-ouvert, à divisions longues et fines, placé dans une cavité étroite, peu profonde, le plus souvent unie dans ses parois et bien régulière par ses
bords sur lesquels le fruit se tient solidement debout, quoiqu'ils présentent peu d'épaisseur.

Queue longue, peu forte, un peu boutonnée à son point d'attache au rameau, attachée un peu obliquement à fleur de la pointe du fruit et entre des plis charnus.

Chair blanche et veinée de jaune, grossière, cassante, insuffisante en eau richement sucrée, mais peu parfumée.

FRANGIPANE

(N° 17)

Dictionnaire de pomologie. ANDRÉ LEROY.
The Fruits and the fruit-trees of America. DOWNING.
FRANCHIPANE. *Traité des arbres fruitiers.* DUHAMEL.
Versuch einer systematischen Beschreibung der Kernobstsorten. DIEL.
Systematisches Handbuch der Obstkunde. DITTRICH.
A Guide to the orchard. LINDLEY.
Illustrirtes Handbuch der Obstkunde. JAHN.

OBSERVATIONS. — Il est difficile d'assigner à cette variété une origine
certaine, le nom qu'elle porte ayant été employé par plusieurs pomologistes pour désigner des variétés différentes. Nous ne pouvons qu'affirmer
que la poire Frangipane que nous allons décrire est bien celle des auteurs
ici cités. — L'arbre, d'une bonne vigueur, d'une végétation bien équilibrée
sur cognassier, est disposé à former sur ce sujet de belles pyramides,
mais son fruit n'a pas tout à fait assez de valeur pour le recommander à une
culture soignée; aussi sera-t-il bien mieux placé dans le grand verger
où sa haute tige, formant une tête d'une belle dimension, devient bientôt
d'une prodigieuse fertilité. Cette variété fut-elle ainsi nommée, comme le
prétendent d'anciens auteurs, à cause de la saveur de son fruit rappelant
celle d'une sorte de pâtisserie relevée d'un parfum inventé par un certain
marquis de Frangipani ? c'est possible pour une autre variété ayant porté
primitivement le même nom, mais quant au fruit qui nous occupe, nous
n'avons jamais pu lui retrouver cette saveur, après plusieurs années de
dégustation.

DESCRIPTION.

Rameaux de moyenne force, à peine coudés à leurs entre-nœuds, d'un vert olive;
lenticelles d'un gris blanchâtre, petites, bien arrondies et bien visibles.

Boutons à bois petits, courts, épais et obtus, soutenus sur des supports presque nuls; écailles de couleur marron et largement maculées de gris blanchâtre.

Pousses d'été d'un vert intense, colorées de rouge cerise sur une grande partie de leur longueur et presqne glabres à leur partie supérieure.

Feuilles des pousses d'été ovales-arrondies, se terminant brusquement en une pointe courte, bien aiguë et souvent recourbée , concaves, très-irrégulièrement bordées de dents inégales entre elles et souvent profondes, s'abaissant bien sur des pétioles de moyenne longueur, très-forts et horizontaux.

Stipules très-longues, très-effilées, linéaires-étroites.

Feuilles stipulaires fréquentes.

Boutons à fruit moyens, conico-ovoïdes, aigus ; écailles d'un marron brillant.

Fleurs grandes ; pétales ovales, peu concaves, bien étalés et écartés entre eux, lavés de rose avant l'épanouissement ; pédicelles de moyenne longueur , grêles et presque glabres.

Feuilles des productions fruitières très-grandes, ovales-arrondies, se terminant très-brusquement en une pointe courte et recourbée en hameçon, souvent convexes par leurs côtés, entières ou peu profondément dentées par leurs bords, assez mal soutenues sur des pétioles de moyenne longueur, divergents, forts et cependant pliant sous le poids de la feuille.

Caractère saillant de l'arbre : feuilles des productions fruitières d'un vert intense, contournées et chiffonnées ; toutes les feuilles tendant à la forme arrondie et se terminant brusquement en une pointe finemeut aiguë et recourbée.

Fruit moyen, variable dans sa forme, ovoïde-piriforme, ordinairement uni dans son contour, atteignant sa plus grande épaisseur bien au-dessous du milieu de sa hauteur ; au-dessus de ce point, s'atténuant par une courbe d'abord convexe puis brusquement concave en une pointe peu longue, tantôt maigre, tantôt épaisse et plus ou moins obtuse ; au-dessous du même point, s'atténuant par une courbe largement convexe pour diminuer sensiblement d'épaisseur vers la cavité de l'œil.

Peau un peu épaisse et ferme sous le couteau, d'abord d'un vert intense et sombre semé de points d'un gris noir, assez petits, assez peu nombreux et peu apparents, surtout du côté de l'ombre. A la maturité, **octobre, novembre,** le vert fondamental passe au jaune verdâtre sur lequel les points sont plus visibles, et sur le côté du soleil, ils sont plus larges, plus nombreux, plus serrés et d'un brun rouge caractéristique.

OEil grand, ouvert, à divisions fermes et souvent caduques, placé presque à fleur de la base du fruit dans une dépression peu sensible.

Queue courte, forte, charnue, attachée à fleur de la pointe du fruit dont elle semble former obliquement la continuation.

Chair d'un blanc jaunâtre, demi-fine, demi-cassante, peu abondante en eau richement sucrée et légèrement parfumée.

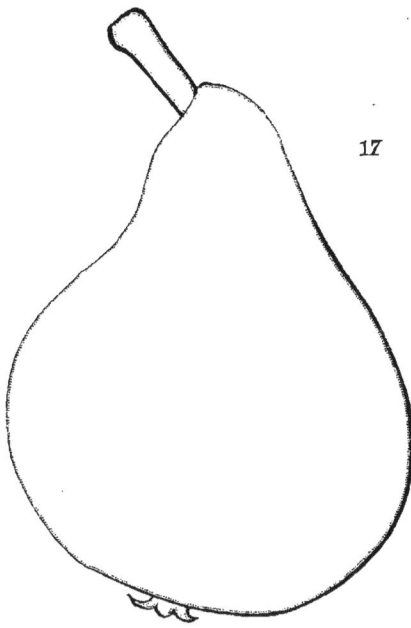

17

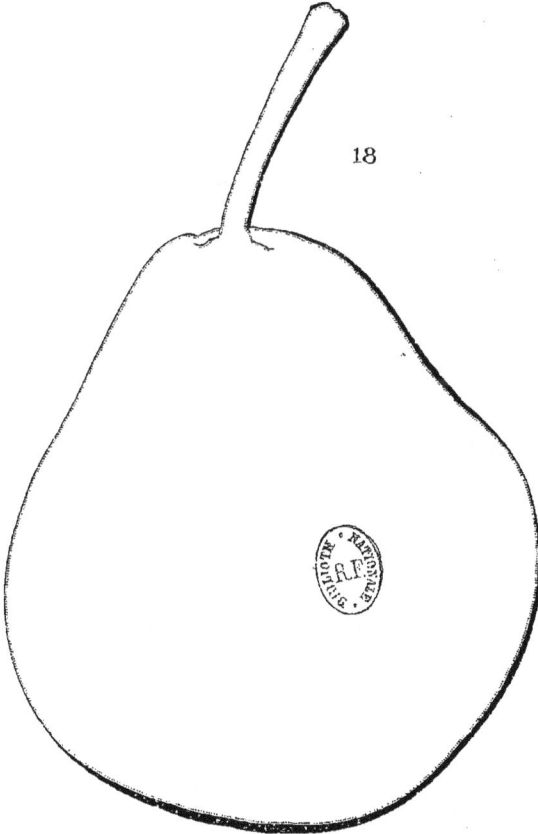

18

17, FRANGIPANE. 18, EDWARDS.

Imp.A.Tournier à Lyon.

EDWARDS

(N° 18)

The Fruits and the fruit-trees of America. DOWNING.
The American fruit Culturist. THOMAS.

OBSERVATIONS. — D'après Downing et Thomas, cette variété aurait été obtenue dans l'État de Connecticut (États-Unis), par le gouverneur Edwards. Sa végétation est bonne sur cognassier et se plie facilement à toutes formes. Il est fâcheux que son fruit, de la plus jolie apparence, ne soit que de troisième qualité. En Amérique, il est surtout employé aux usages du ménage.

DESCRIPTION.

Rameaux forts, unis dans leur contour, d'un jaune verdâtre clair, à entre-nœuds raccourcis progressivement et bien régulièrement jusqu'à leur sommet ; lenticelles blanchâtres, larges, le plus souvent allongées, assez nombreuses et apparentes.

Boutons à bois gros, coniques, épais et cependant finement aigus, à direction peu écartée du rameau, soutenus sur des supports, tantôt plus, tantôt moins saillants, dont les côtés et l'arête médiane ne se prolongent pas ; écailles presque noires et bordées de blanc argenté.

Pousses d'été d'un vert peu foncé et terne, colorées de rouge à leur sommet couvert d'un duvet soyeux et blanchâtre.

Feuilles des pousses d'été moyennes, presque exactement ovales, se terminant en une pointe assez longue, peu repliées sur leur nervure médiane d'une teinte rose, bordées de dents assez larges, peu profondes et peu aiguës, soutenues bien horizontalement sur des pétioles assez longs, de moyenne force et un peu redressés.

Stipules de moyenne longueur, en forme d'alênes aiguës.

Feuilles stipulaires rares.

Boutons à fruit assez petits, conico-ovoïdes, un peu maigres, un peu allongés et un peu aigus ; écailles d'un marron très-foncé et presque uniforme.

Fleurs petites ; pétales arrondis, concaves, blancs avant l'épanouissement ; divisions du calice courtes, un peu réfléchies en dessous ; pédicelles courts et de moyenne force.

Feuilles des productions fruitières plus élargies que celles des pousses d'été, se terminant plus brusquement en une pointe courte et quelquefois seulement obtuses, assez repliées sur leur nervure médiane, bordées de dents très-peu profondes et un peu aiguës, assez bien soutenues sur des pétioles longs, forts et redressés.

Caractère saillant de l'arbre : les plus jeunes feuilles d'un vert très-clair, blanchâtre ; direction bien perpendiculaire des rameaux.

Fruit moyen ou gros, sphérico-conique, tantôt plus large que haut, tantôt plus haut que large, dès lors atteignant sa plus grande épaisseur, tantôt plus près de sa base, tantôt plus près du milieu de sa hauteur ; au-dessus de ce point, s'atténuant par une courbe peu concave en une pointe plus ou moins courte, épaisse et largement tronquée à son sommet ; au-dessous du même point, s'arrondissant par une courbe bien convexe jusque dans la cavité de l'œil.

Peau peu épaisse, ferme et douce au toucher, d'abord d'un vert pâle et mat semé de points d'un vert foncé, largement et régulièrement espacés. A la maturité, **septembre,** le vert fondamental passe au jaune citron brillant, les points brunissent et le côté du soleil est lavé ou marbré d'un peu de rouge vif sur lequel apparaissent de larges points jaunes.

Œil petit, fermé, à divisions fines et courtes, comme écrasé au fond d'une cavité, tantôt étroite, tantôt large et assez profonde, un peu irrégulière par ses bords sur lesquels le fruit est cependant solidement assis.

Queue courte, épaisse, élastique, bien épaissie à son point d'insertion dans une cavité assez profonde, un peu irrégulière par ses bords et dans laquelle elle est souvent attachée un peu obliquement.

Chair d'un blanc jaunâtre, un peu transparente, demi-fine, laissant trop de marc ans la bouche, peu abondante en eau douce, sucrée, vineuse, mais sans parfum appréciable.

POIRE A DEUX YEUX

(N° 19)

POIRE A DEUX TÊTES. *Traité des arbres fruitiers.* DUHAMEL.
Nouveau traité des arbres fruitiers. LOISELEUR-DESLONCHAMPS.
Jardin fruitier du Muséum. DECAISNE.
Dictionnaire de promologie. ANDRÉ LEROY.
ZWIBOTZENBIRNE. *Illustrirtes Handbuch der Obstkunde.* JAHN.

OBSERVATIONS.— Nous avons préféré le nom que nous adoptons, quoiqu'il ne soit pas le premier qu'ait porté cette variété, parce que nous le croyons aujourd'hui plus universellement répandu et parce qu'il représente mieux le caractère distinctif du fruit. Nous l'avons aussi reçue sous le nom de Poire à deux mouches. — L'arbre, dont la sève assez indépendante s'accommode peu des formes régulières, est surtout destiné à la haute tige, dans le grand verger. Sa croissance est assez lente et cependant il atteint une grande dimension. Il est sujet à un alternat complet, mais ses récoltes sont des plus abondantes l'année de rapport, et quoique son fruit ne soit pas de première finesse, il est toujours recherché sur les marchés de nos contrées où il est plus à la portée des petites bourses que les fruits de luxe qui ont plus d'apparence et de délicatesse, mais ne sont pas toujours d'une saveur assez relevée pour plaire au plus grand nombre.

DESCRIPTION.

Rameaux de moyenne force, anguleux dans leur contour, un peu flexueux, à entre-nœuds inégaux entre eux, d'un beau rouge sanguin vif et brillant ; lenticelles bien blanches, très-petites, bien fines et cependant apparentes.

Boutons à bois moyens, coniques, épais et cependant bien aigus, à direction presque parallèle au rameau, soutenus sur des supports saillants dont les côtés et l'arrête médiane se prolongent distinctement ; écailles d'un marron noirâtre.

Pousses d'été d'un vert vif, bien colorées de rouge et duveteuses à leur sommet.

Feuilles des pousses d'été moyennes ou petites, ovales-arrondies, se terminant brusquement en une pointe un peu longue, à peine concaves ou planes, ondulées dans leur contour, bordées de dents grossières, profondes et aiguës, assez peu soutenues sur des pétioles longs, grêles et flexibles.

Stipules en alênes de moyenne longueur.

Feuilles stipulaires manquant le plus souvent.

Boutons à fruit moyens, conico-ovoïdes, bien aigus ; écailles d'un marron noirâtre.

Fleurs moyennes ; pétales arrondis, bien concaves, à onglet très-court, se recouvrant un peu entre eux ; divisions du calice assez longues, larges et recourbées en dessous ; pédicelles longs, peu forts et un peu cotonneux.

Feuilles des productions fruitières petites, ovales-elliptiques, se terminant brusquement en une pointe assez longue et fine, à peine concaves, ondulées dans leur contour, bordées de dents très-fines, très-peu profondes et bien aiguës, mollement soutenues sur des pétioles longs, très-grêles et très-flexibles.

Caractère saillant de l'arbre : teinte générale du feuillage d'un vert vif et brillant ; toutes les feuilles tendant à la forme arrondie ou elliptique et brusquement acuminées ; tous les pétioles bien grêles et bien flexibles, laissant souvent retomber la feuille.

Fruit petit, ovoïde-court, uni dans son contour, atteignant ordinairement sa plus grande épaisseur au-dessus du milieu de sa hauteur ; au-dessus de ce point, s'atténuant brusquement par une courbe d'abord un peu convexe puis concave en une pointe courte, peu épaisse et aiguë ; au-dessous du même point, s'atténuant par une courbe largement convexe pour diminuer sensiblement d'épaisseur vers l'œil.

Peau un peu ferme, d'abord d'un vert clair et vif semé de très-petits points d'un vert plus foncé, nombreux et serrés. On remarque parfois un peu de rouille sur la pointe du fruit et surtout autour de l'œil. A la maturité, **commencement d'août,** le vert fondamental passe au jaune clair, conservant encore souvent un ton un peu verdâtre, et le côté du soleil, sur les fruits bien exposés, se couvre d'un rouge sanguin plus ou moins vif, et sur ce rouge de très-petits points blanchâtres sont très-nombreux et peu visibles.

Œil grand, fermé, comprimé par des bosses charnues qui semblent le séparer en deux parties distinctes, d'où le fruit porte son nom.

Queue bien longue, grêle, souple, courbée ou contournée, attachée entre quelques plis charnus, peu prononcés, formés par la pointe du fruit.

Chair blanche, assez fine, demi-beurrée, suffisante en eau sucrée, acidulée, assez agréablement relevée.

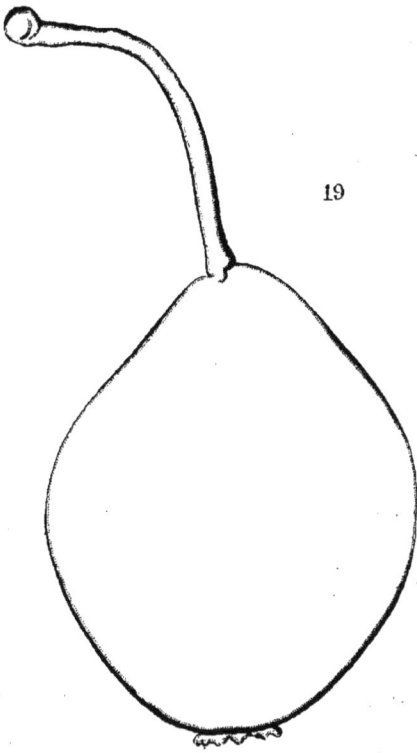

19

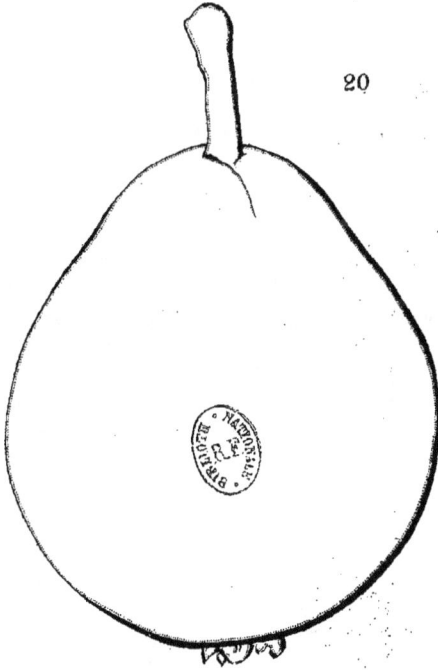

20

19, POIRE A DEUX YEUX.   20, MILAN DE ROUEN.

Imp.A.Tournier à Lyon.

MILAN DE ROUEN

(N° 20)

Notices pomologiques. DE LIRON D'AIROLES
Dictionnaire de pomologie. ANDRÉ LEROY.

OBSERVATIONS. — M. Boisbunel fils, de Rouen, a obtenu cette variété dont le premier rapport eut lieu en 1838. Le sujet franc doit toujours être préféré pour sa greffe, même lorsqu'il est destiné à être élevé sous forme taillée; son rapport en est à peine retardé. Toutefois son meilleur emploi est la haute tige en grande culture.

DESCRIPTION

Rameaux de moyenne force, finement anguleux dans leur contour, presque droits, à entre-nœuds courts, d'un vert jaunâtre; lenticelles plutôt allongées, très-rares et un peu apparentes.

Boutons à bois petits, courts, épaissis à leur base et obtus, à direction peu écartée du rameau, soutenus sur des supports très-peu saillants dont les côtés et l'arête médiane se prolongent très-faiblement; écailles d'un marron foncé et peu brillant.

Rameaux d'été d'un vert clair, colorées à leur sommet d'un rouge un peu violacé et longtemps recouvertes sur la plus grande partie de leur longueur d'un duvet court.

Feuilles des rameaux d'été avec grandes ovales, se terminant promptement en une pointe longue, repliées sur leur nervure médiane et un peu arquées, bordées de dents larges, peu profondes et obtuses, mal soutenues sur des pétioles de moyenne longueur, de moyenne force et flexibles.

Stipules extraordinairement longues, linéaires-filiformes et peu dentées.

Feuilles stipulaires manquant presque toujours.

Boutons à fruit moyens, coniques un peu arrondis et un peu aigus; écailles d'un marron rougeâtre maculé de la même couleur plus foncée.

Fleurs petites; pétales arrondis, peu concaves, à sommet rond, bien écartés entre eux, blancs avant l'épanouissement; divisions du calice roulées, étroites à leur base.

MILAN DE ROUEN

(N° 20)

Notices pomologiques. DE LIRON D'AIROLES
Dictionnaire de pomologie. ANDRÉ LEROY.

OBSERVATIONS.— M. Boisbunel fils, de Rouen, a obtenu cette variété dont le premier rapport eut lieu en 1858. Le sujet franc doit toujours être préféré pour sa greffe, même lorsqu'il est destiné à être élevé sous forme taillée ; son rapport en est à peine retardé. Toutefois son meilleur emploi est la haute tige en grande culture.

DESCRIPTION.

Rameaux de moyenne force, finement anguleux dans leur contour, presque droits, à entre-nœuds courts, d'un vert jaunâtre ; lenticelles plutôt allongées, très-rares et un peu apparentes.

Boutons à bois petits, courts, épaissis à leur base et obtus, à direction peu écartée du rameau, soutenus sur des supports très-peu saillants dont les côtés et l'arête médiane se prolongent très-finement ; écailles d'un marron foncé et peu brillant.

Pousses d'été d'un vert clair, colorées à leur sommet d'un rouge un peu violacé et longtemps recouvertes sur la plus grande partie de leur longueur d'un duvet court.

Feuilles des pousses d'été assez grandes, ovales, se terminant promptement en une pointe longue, repliées sur leur nervure médiane et un peu arquées, bordées de dents larges, peu profondes et obtuses, mal soutenues sur des pétioles de moyenne longueur, de moyenne force et flexibles.

Stipules extraordinairement longues, linéaires-étroites et un peu dentées.

Feuilles stipulaires manquant presque toujours.

Boutons à fruit moyens, coniques un peu allongés et un peu aigus ; écailles d'un marron rougeâtre maculé de la même couleur plus foncée.

Fleurs petites ; pétales arrondis, peu concaves, à onglet long, bien écartés entre eux, blancs avant l'épanouissement ; divisions du calice courtes, élargies à leur base, brusquement atténuées et peu recourbées en dessous ; pédicelles courts, forts et cotonneux.

Feuilles des productions fruitières souvent moins grandes que celles des pousses d'été, ovales-cordiformes, se terminant promptement en une pointe élargie jusque vers son extrémité, très-peu repliées sur leur nervure médiane et arquées, se recourbant bien sur des pétioles de moyenne longueur, grêles et divergents.

Caractère saillant de l'arbre : teinte générale du feuillage d'un vert d'eau foncé ; duvet blanc persistant longtemps sur les bords des feuilles ; aspect général ayant beaucoup de rapport avec celui de la Bergamotte d'été.

Fruit moyen ou à peine moyen, sphérique déprimé à ses deux pôles ou sphérico-ovoïde, uni dans son contour, atteignant sa plus grande épaisseur à peu près au milieu de sa hauteur ; au-dessus et au-dessous de ce point, s'arrondissant par des courbes presque également convexes et cependant s'atténuant un peu plus du côté de la queue et s'aplatissant largement autour de la cavité de l'œil.

Peau un peu épaisse et chagrinée, d'abord d'un vert clair et brillant semé de points d'un gris brun, larges, nombreux et régulièrement espacés. Une tache d'une rouille fine et d'un brun clair couvre la cavité de l'œil et se reproduit dans celle de la queue hors de laquelle elle rayonne un peu en étoile. A la maturité, **milieu et fin de septembre,** le vert fondamental passe au jaune assez intense et mat, et sur les fruits bien exposés, le côté du soleil se lave d'un rouge lie de vin sur lequel apparaissent bien des points blanchâtres.

Œil petit, fermé ou presque fermé, à divisions cotonneuses, placé dans une cavité peu profonde, en forme de soucoupe et plissée dans ses parois.

Queue courte, forte, bien épaissie à son point d'attache au rameau, ligneuse, brune et bien mouchetée de blanc, insérée le plus souvent perpendiculairement dans une cavité étroite et peu profonde.

Chair d'un blanc légèrement jaunâtre, tendre, un peu grenue vers le cœur, suffisante en eau sucrée, vineuse et musquée, se rapprochant par sa saveur de celle de la Poire de Vallée.

STERLING

(N° 21)

The Fruits and the fruit-trees of America. Downing.
The American fruit Culturist. Thomas.

OBSERVATIONS. — Cette variété, d'après Downing, fut obtenue dans le comté de Livingston, New-York, et d'un semis de pepins apportés du Connecticut.— L'arbre, d'une bonne vigueur sur cognassier, est cependant d'une fertilité précoce et forme sur ce sujet de magnifiques pyramides. Sa haute tige sur franc prend de grandes dimensions et devient d'une grande fécondité. Son fruit, propre au marché par son apparence, indique par son nom qu'il est de bon aloi, d'un véritable mérite, et le prouve par sa qualité.

DESCRIPTION.

Rameaux de moyenne force, à peine anguleux dans leur contour, bien allongés, droits, à entre-nœuds courts, jaunâtres et un peu teintés de vert ; lenticelles grisâtres, allongées, très-rares, larges et cependant peu apparentes.

Boutons à bois très-petits, coniques, courts, épatés, un peu aigus, à direction parallèle au rameau, soutenus sur des supports très-étroits et très-peu saillants dont l'arête médiane se prolonge seule et obscurément ; écailles de couleur chatain clair.

Pousses d'été d'un vert clair et gai, devenant plus intense et sans aucune teinte de rouge à leur sommet un peu duveteux.

Feuilles des pousses d'été ovales-elliptiques, allongées, étroites, se terminant peu brusquement en une pointe un peu longue et bien aiguë, très-peu repliées sur leur nervure médiane et non arquées, bordées de dents larges, profondes et émoussées, soutenues horizontalement sur des pétioles de moyenne longueur, un peu forts et recourbés.

Stipules longues, linéaires, très-étroites.

Feuilles stipulaires se présentant quelquefois.

Boutons à fruit moyens, coniques, un peu renflés vers leur sommet et se terminant en une pointe très-courte et obtuse ; écailles jaunâtres, un peu maculées de marron clair.

Fleurs presque moyennes ; pétales arrondis, concaves, à long onglet, écartés entre eux, roses avant l'épanouissement ; divisions du calice longues et repliées en dessous ; pédicelles de moyenne longueur, forts et un peu duveteux.

Feuilles des productions fruitières bien plus amples que celles des pousses d'été, ovales-élargies, se terminant peu brusquement en une pointe très-courte, bien creusées en gouttière et arquées, bordées de dents larges, assez peu profondes et émoussées, bien soutenues sur des pétioles un peu longs, un peu forts et dressés.

Caractère saillant de l'arbre : teinte générale du feuillage d'un beau vert intense ; ampleur remarquable des feuilles des productions fruitières ; toutes les feuilles largement dentées.

Fruit moyen, turbiné-ovoïde ou turbiné-sphérique, ordinairement uni dans son contour, atteignant sa plus grande épaisseur peu au-dessous du milieu de sa hauteur ; au-dessus de ce point, s'atténuant promptement par une courbe, tantôt peu convexe, tantôt à peine concave, en une pointe plus ou moins courte et presque aiguë ; au-dessous du même point, s'arrondissant par une courbe bien convexe pour ensuite s'aplatir autour de la cavité de l'œil.

Peau fine et tendre, d'abord d'un vert clair semé de points très-petits, difficiles à distinguer. On remarque souvent sur sa surface des traits ou tavelures d'une rouille fine d'un brun clair et qui se condense en une large tache sur le sommet du fruit. A la maturité, **commencement de septembre,** le vert fondamental passe au jaune paille et le côté du soleil se couvre d'un nuage de rouge.

OEil grand, ouvert, placé dans une cavité très-peu profonde, évasée, aplatie dans son fond, unie dans ses parois et régulière par ses bords.

Queue de moyenne longueur, un peu forte, ligneuse, épaissie à son point d'attache dans un pli charnu formé par la pointe du fruit sur lequel elle est fixée perpendiculairement.

Chair blanche, fine, fondante, très-abondante en eau bien sucrée, relevée d'un parfum de musc non trop pénétrant et agréable.

21

22

21 , STERLING .   22, MARGUERITE ACIDULE.

Imp. A. Tournier a Lyon

MARGUERITE-ACIDULE

(MARGARETHEN BIRNE SAUERLICHE)

(N° 22)

Versuch einer systematischen Beschreibung der Kernobstsorten. DIEL.
Illustrirtes Handbuch der Obstkunde. JAHN.
Handbuch der Pomologie. HINKERT.

OBSERVATIONS. — Diel obtint cette variété d'un jardin des environs de Nassau. Le fruit varie dans sa forme, comme le représentent nos deux figures, dont l'une se rapporte bien à la description de Diel et l'autre au dessin représenté dans le *Illustrirtes Handbuch* ; toutefois, la forme décrite par Diel est la plus fréquente. Je l'ai reçue de l'Alsace, il y a déjà une quinzaine d'années et sous le nom de Grosse-Marguerite, si mes souvenirs sont exacts.— L'arbre, d'une vigueur moyenne, se plie difficilement aux formes régulières et convient surtout pour la haute tige dans le verger de campagne. Il est très-rustique et d'une fertilité précoce et grande.

DESCRIPTION.

Rameaux de moyenne force, presque unis dans leur contour, droits, à entre-nœuds de moyenne longueur et inégaux entre eux, d'un rouge lie de vin un peu teinté de vert ; lenticelles blanches, très-petites, peu nombreuses et peu apparentes.

Boutons à bois moyens, coniques, finement aigus, à direction parallèle au rameau, soutenus sur des supports très-saillants dont les côtés se prolongent très-faiblement ; écailles un peu entr'ouvertes, d'un marron rougeâtre foncé et largement maculé de grisâtre.

Pousses d'été d'un vert d'eau peu foncé, colorées de rouge vineux et peu duveteuses à leur sommet.

Feuilles des pousses d'été assez grandes, ovales-élargies, se terminant brusquement en une pointe large, longue et bien recourbée en dessous, repliées sur leur nervure médiane et arquées, irrégulièrement découpées par leurs bords plutôt que dentées, s'abaissant bien sur des pétioles longs, très-grêles et très-flexibles.

Stipules en alênes courtes et très-caduques.

Feuilles stipulaires assez grandes, très-fréquentes.

Boutons à fruit moyens, conico-ovoïdes, un peu allongés et bien aigus ; écailles extérieures d'un marron rouge assez clair et brillant ; écailles intérieures couvertes d'un duvet fauve.

Fleurs moyennes; pétales ovales un peu allongés et un peu aigus ; pédicelles très-longs, très-grêles et presque glabres.

Feuilles des productions fruitières grandes, ovales-élargies et plus allongées, plus largement repliées sur leur nervure médiane que celles des pousses d'été, presque entières par leurs bords, assez peu soutenues sur des pétioles longs, de moyenne force, peu flexibles et divergents.

Caractère saillant de l'arbre : teinte générale du feuillage d'un vert bleu ; tenue générale élégante; tous les fruits bien pendants longtemps avant leur maturité.

Fruit petit, le plus souvent turbiné-sphérique et parfois ovoïde-piriforme, ordinairement uni dans son contour, atteignant sa plus grande épaisseur bien au-dessous du milieu de sa hauteur; au-dessus de ce point, s'atténuant, tantôt par une courbe à peine convexe pour se terminer promptement en une pointe courte et aiguë, tantôt par une courbe d'abord à peine convexe puis un peu concave en une pointe plus longue, peu épaisse et aiguë ; au-dessous du même point, s'arrondissant par une courbe largement convexe et jusque vers l'œil.

Peau assez fine, d'abord d'un vert clair semé de petits points gris peu apparents. A la maturité, **fin de juillet,** le vert fondamental s'éclaircit un peu en jaune du côté de l'ombre, conserve le même ton du côté du soleil parfois un peu teinté de brun et sur lequel les points sont plus nombreux, plus concentrés et plus apparents.

Œil grand, ouvert, à divisions lancéolées, finement aiguës, étalées en étoile et saillant sur la base du fruit, tellement la cavité dans laquelle il est placé est peu appréciable.

Queue très-longue, grêle, flexible, un peu courbée, attachée perpendiculairement à la pointe du fruit souvent plissée circulairement.

Chair blanche, grossière, demi-fondante, suffisante en eau légèrement sucrée, rafraîchissante, ayant quelque rapport dans sa saveur avec celle de la poire Madeleine ou Citron des Carmes.

DE MARAISE

(N° 23)

Catalogue. BIVORT. 1851-1852.
Catalogue. PAPELEU. 1856-1857.
MIGNONNE D'HIVER. *Cata'ogue.* DE BAVAY. 1854-1855.
The Fruits and the fruit-trees of America. DOWNING.

OBSERVATIONS. — D'après l'indication donnée dans le catalogue de
M. Papeleu, cette variété doit être un gain de Van Mons. Je l'ai reçue, il y
a vingt-cinq ans, de M. Bivort, sous le nom que je lui ai conservé et qui
est probablement le premier qu'elle ait porté et qui lui a peut-être été
donné par son obtenteur. Plus tard, M. de Bavay m'a envoyé, sous le nom
de Mignonne d'hiver, la même variété qui a été aussi décrite sous ce nom
par Downing, dont la description m'a confirmé dans l'identité des fruits
que j'avais déjà reconnus comme semblables. Je ne m'explique pas pourquoi
cette variété paraît être restée dans l'oubli; car aux qualités de l'arbre rustique et très-fertile viennent s'ajouter celles du fruit réellement remarquable par sa saveur entre les Poires du commencement de l'hiver.

DESCRIPTION.

Rameaux de moyenne force, presque unis dans leur contour, à peine flexueux,
d'un rougeâtre peu foncé et voilé par places d'un gris jaunâtre ; lenticelles grisâtres, petites,
arrondies, un peu saillantes, nombreuses et peu apparentes.

Boutons à bois petits, coniques, aigus, à direction écartée du rameau, soutenus
sur des supports peu saillants dont l'arête médiane se prolonge seule et très-peu distinctement ; écailles d'un marron rougeâtre.

Pousses d'été d'un vert brun à leur base, colorées de rouge sanguin et cotonneuses à leur sommet.

Feuilles des pousses d'été obovales, un peu allongées, se terminant
presque subitement en une pointe courte, effilée et très-aiguë, un peu repliées sur leur
nervure médiane, arquées et souvent contournées, régulièrement bordées de dents pro-

fondes et aiguës, assez bien soutenues sur des pétioles de moyenne longueur, grêles et bien redressés.

Stipules de moyenne longueur, lancéolées, recourbées par leur pointe et bien vertes.

Feuilles stipulaires se présentant quelquefois.

Boutons à fruit petits, conico-ovoïdes, aigus; écailles d'un beau marron foncé.

Fleurs moyennes; pétales ovales–élargis, arrondis ou tronqués à leur sommet, concaves, dressés; divisions du calice longues, larges et se redressant en forme de coupe; pédicelles de moyenne longueur, de moyenne force et cotonneux.

Feuilles des productions fruitières bien plus grandes que celles des pousses d'été, les unes obovales-élargies et obtuses à leur extrémité, les autres obovales-allongées et étroites, peu repliées sur leur nervure médiane, bordées de dents assez profondes et aiguës, soutenues horizontalement sur des pétioles courts, grêles et redressés.

Caractère saillant de l'arbre : feuilles des pousses d'été bien finement acuminées; denture de toutes les feuilles bien régulière et bien aiguë.

Fruit moyen, sphérico-turbiné, ordinairement uni dans son contour, atteignant sa plus grande épaisseur peu au-dessous du milieu de sa hauteur; au-dessus de ce point, s'atténuant par une courbe largement convexe ou parfois à peine concave en une pointe courte, épaisse et bien obtuse; au-dessous du même point, s'arrondissant par une courbe assez convexe pour ensuite s'aplatir un peu autour de la cavité de l'œil.

Peau un peu épaisse et cependant tendre, d'abord d'un vert d'eau pâle et terne semé de points d'un gris brun, assez nombreux, très-inégaux entre eux, se confondant avec des traits d'une rouille d'un gris brun, rude au toucher, se condensant en une large tache, soit sur le sommet du fruit, soit dans la cavité de l'œil et recouvrant souvent presque entièrement le côté du soleil. A la maturité, **décembre, janvier,** le vert fondamental passe au jaune paille clair et le côté du soleil se dore assez vivement ou se colore rarement d'un peu de rouge brun.

Œil grand, presque fermé, à divisions courtes, fermes, dressées, comprimé dans une cavité large, un peu profonde et souvent plissée dans ses parois.

Queue assez courte, forte, ligneuse ou parfois charnue et élastique, attachée obliquement sur la pointe du fruit repoussée de côté.

Chair blanchâtre, demi-fine, fondante, un peu pierreuse vers le cœur, abondante en eau bien sucrée et agréablement parfumée.

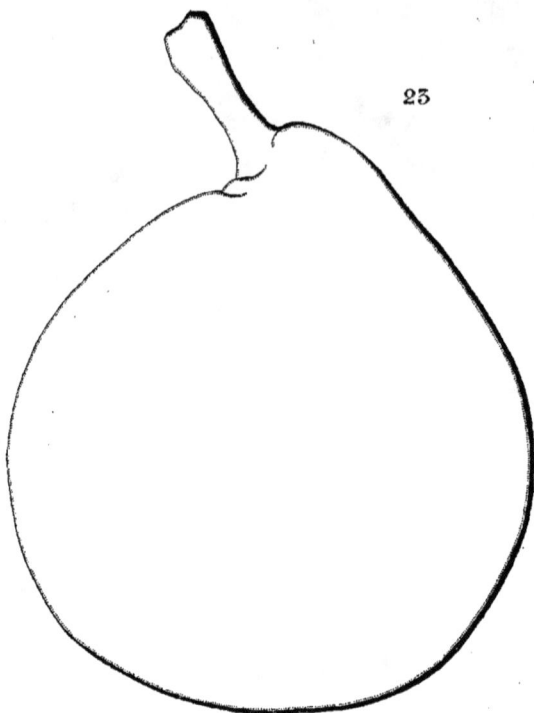

23

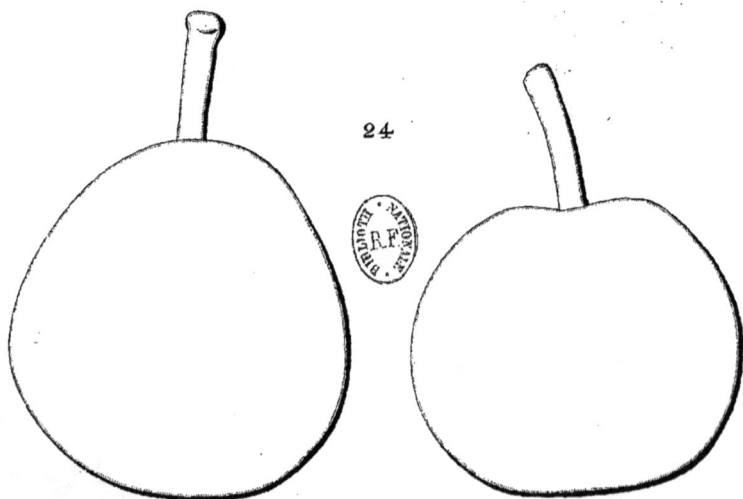

24

23, DE MARAISE.   24, POIRE DE MIEL DE LIEGEL.

Imp. A. Tournier à Lyon

POIRE DE MIEL DE LIEGEL

(LIEGELS HONIGBIRNE)

(N° 24)

Illustrirtes Handbuch der Obstkunde. JAHN.

OBSERVATIONS. — J'ai reçu cette variété du regretté M. Jahn, de Meiningen. C'est avec raison qu'il dit qu'elle ne doit point être confondue avec les différentes Poires de miel décrites par Diel. Il annonce qu'il l'a reçue d'un pépiniériste de Bamberg (Bavière). — L'arbre, d'une vigueur très-contenue sur cognassier, ne peut suffire qu'à de petites formes sur ce sujet. Sa haute tige sur franc n'atteint qu'une dimension moyenne et devient bientôt très-féconde. Son fruit doit être rangé parmi les Poires excellentes pour les usages de la cuisine et de la confiserie.

DESCRIPTION.

Rameaux de moyenne force, très-finement anguleux dans leur contour, presque droits, à entre-nœuds courts, de couleur jaunâtre ; lenticelles blanches, très-petites, assez nombreuses et peu apparentes.

Boutons à bois assez gros, coniques, épais, un peu renflés sur le dos, courtement aigus, à direction très-peu écartée du rameau, soutenus sur des supports peu saillants dont les côtés et l'arête médiane se prolongent très-finement ; écailles d'un marron clair et en grande partie recouvertes d'une sorte de poussière farineuse.

Pousses d'été d'un vert clair et un peu jaune, colorées de rouge vif à leur sommet et longtemps duveteuses sur presque toute leur longueur.

Feuilles des pousses d'été petites, ovales un peu allongées et peu larges, se terminant presque régulièrement en une pointe recourbée, bien repliées sur leur nervure médiane et arquées, bordées de dents assez larges, profondes, aiguës et duveteuses, bien soutenues sur des pétioles longs, grêles, fermes et redressés.

Stipules de moyenne longueur, filiformes.

Feuilles stipulaires se présentant assez souvent.

Boutons à fruit gros, conico-ovoïdes, allongés et un peu anguleux dans leur contour, un peu aigus ; écailles d'un rouge fauve et un peu farineuses.

Fleurs moyennes ; pétales elliptiques-arrondis, concaves, à onglet peu long, se touchant entre eux ; divisions du calice très-courtes et recourbées en dessous ; pédicelles assez longs, grêles et peu duveteux.

Feuilles des productions fruitières moyennes, ovales-elliptiques, quelques-unes presque exactement elliptiques, se terminant brusquement en une pointe extraordinairement courte, aiguë et bien recourbée, bien creusées en gouttière et recourbées en dessous seulement par leur pointe, entières et un peu duveteuses par leurs bords, bien soutenues sur des pétioles longs, de moyenne force, fermes et redressés.

Caractère saillant de l'arbre : teinte générale du feuillage d'un vert d'eau un peu brillant ; feuilles les plus jeunes remarquables par leur serrature profonde et colorées d'un rouge vineux ; toutes les feuilles bien creusées en gouttière.

Fruit petit, turbiné-sphérique ou presque sphérique, bien uni dans son contour, atteignant sa plus grande épaisseur bien au-dessous du milieu de sa hauteur ; au-dessus de ce point, s'atténuant par une courbe à peine convexe pour se terminer en une pointe très-courte, épaisse et bien tronquée à son sommet ou d'autrefois pour s'arrondir en demi-sphère ; au-dessous du même point, s'arrondissant par une courbe bien convexe pour s'aplatir ensuite un peu autour de la cavité de l'œil.

Peau un peu ferme, d'abord d'un vert gai semé de points d'un gris vert, un peu larges et nombreux. On remarque ordinairement une rouille d'un gris verdâtre dans la cavité de l'œil. A la maturité, **fin d'août et commencement de septembre,** le vert fondamental passe au jaune paille, et le côté du soleil ou souvent presque toute la surface du fruit est recouverte d'un rouge sanguin vif, traversé par des raies d'un rouge vineux et semé de très-petits points jaunes, et ce rouge se disperse en petites taches bien arrondies ou en raies bien distinctes sur les parties moins éclairées.

Œil grand, bien ouvert, à divisions longues, larges et étalées dans une cavité très-peu profonde et évasée.

Queue de moyenne longueur, peu forte, bien ligneuse, droite ou à peine courbée, insérée dans une cavité étroite et peu profonde.

Chair jaunâtre, grossière, cassante, peu abondante en eau très-richement sucrée et vineuse, sans parfum propre.

PRÉSIDENT D'OSMONVILLE

(Nº 25)

Notice pomologique. DE LIRON D'AIROLES.
Dictionnaire de pomologie. ANDRÉ LEROY.

OBSERVATIONS. — Cette variété est un gain posthume de M. Léon Leclerc. Elle fut propagée par son ancien jardinier, M. Hutin, et dédiée par lui à M. Leclerc d'Osmonville, président de la Société d'horticulture de la Mayenne. Elle rapporta ses premiers fruits en 1852. — L'arbre, d'une vigueur normale sur cognassier, se prête assez bien aux formes régulières. Son fruit de première qualité. surtout pour les personnes qui goûtent le parfum de musc bien prononcé, est d'une maturation assez prolongée.

DESCRIPTION.

Rameaux de moyenne force , obscurément anguleux dans leur contour, droits, à entre-nœuds courts et inégaux entre eux, de couleur jaunâtre ; lenticelles blanchâtres, très-petites, presque imperceptibles et manquant souvent sur une longue étendue.

Boutons à bois petits, coniques, courts, élargis à leur base et peu aigus, à direction parallèle ou presque parallèle au rameau, soutenus sur des supports saillants dont l'arête médiane se prolonge peu distinctement ; écailles d'un marron rougeâtre foncé et brillant, finement bordées de gris argenté.

Pousses d'été d'un vert très-clair et un peu duveteuses sur une assez grande longueur à leur partie supérieure.

Feuilles des pousses d'été moyennes, exactement ovales, se terminant brusquement en une pointe large et longue, bien creusées en gouttière et à peine arquées, bordées de dents larges, profondes et émoussées, s'abaissant un peu sur des pétioles de moyenne longueur, forts et un peu flexibles.

Stipules en alênes de moyenne longueur et fines.

Feuilles stipulaires manquant ordinairement.

Boutons à fruit gros, conico-ovoïdes, aigus ; écailles d'un marron rougeâtre bien foncé.

Fleurs moyennes ; pétales elliptiques-élargis, concaves, à onglet court, se recouvrant entre eux ; divisions du calice longues, bien aiguës et recourbées en dessous ; pédicelles de moyenne longueur, forts et duveteux.

Feuilles des productions fruitières moyennes, ovales-elliptiques, se terminant peu brusquement en une pointe bien recourbée, bien creusées en gouttière et un peu arquées, bordées de dents inégales entre elles, peu profondes et émoussées, s'abaissant un peu sur des pétioles de moyenne longueur, forts et un peu flexibles.

Caractère saillant de l'arbre : teinte générale du feuillage d'un beau vert bien décidé ; toutes les feuilles bien creusées en gouttière et celles des productions fruitières remarquablement recourbées en dessous par leur pointe ; tous les pétioles remarquablement forts.

Fruit moyen, ovoïde-piriforme, souvent un peu bosselé dans son contour et recourbé du côté de la queue, atteignant sa plus grande épaisseur peu au-dessous du milieu de sa hauteur ; au-dessus de ce point, s'atténuant par une courbe d'abord largement convexe puis à peine concave en une pointe peu longue, peu épaisse et le plus souvent aiguë à son sommet ; au-dessous du même point, s'atténuant par une courbe très-largement convexe pour diminuer très-sensiblement d'épaisseur vers l'œil.

Peau fine, mince, lisse, d'abord d'un vert très-pâle sur lequel il est difficile de reconnaître de petits points d'un vert un peu foncé. Souvent une rouille fine et de couleur fauve couvre le sommet du fruit et forme quelques traits vers l'œil. A la maturité, **octobre**, le vert fondamental passe au jaune paille un peu doré du côté du soleil ou rarement lavé, sur les fruits les mieux exposés, d'un soupçon de rouge rosat.

Œil grand, demi-fermé ou fermé, à divisions fermes, dressées, placé presque à fleur de la base du fruit dans une petite dépression où il est accompagné de gibbosités et de plis divergents.

Queue de moyenne longueur, peu forte, sensiblement épaissie à son point d'attache au rameau, à peine arquée et attachée le plus souvent obliquement à fleur de la pointe du fruit dont elle semble presque former la continuation.

Chair d'une couleur jaune vraiment caractéristique, bien fine, entièrement fondante, abondante en eau sucrée, vineuse, relevée d'un musc vif et pénétrant.

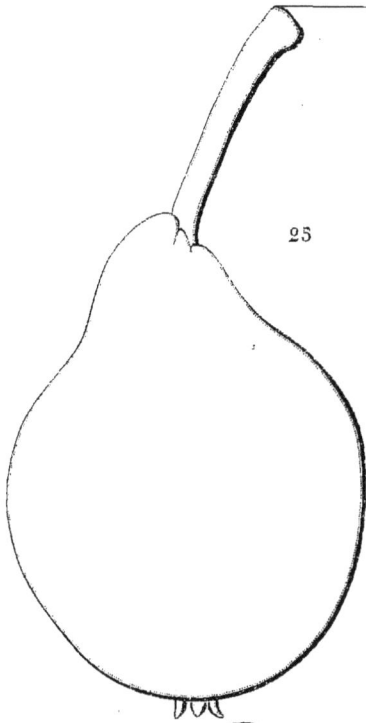

25

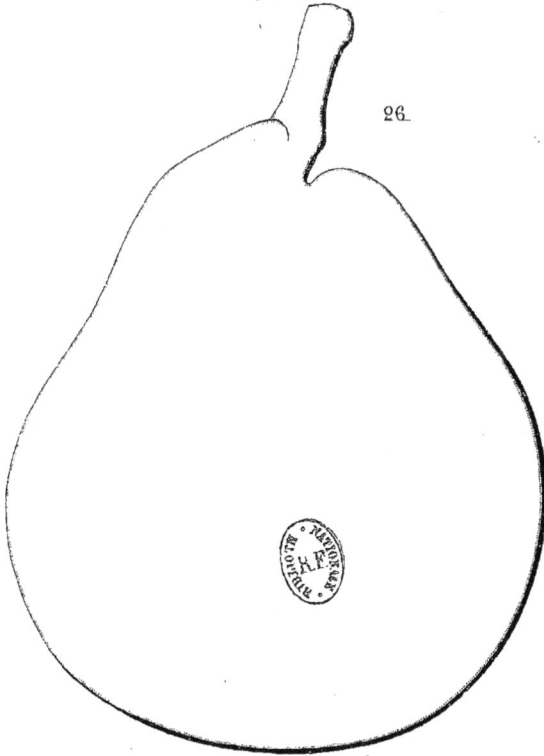

26

25., PRÉSIDENT D'OSMONVILLE.   26, LOUISE BONNE BUTIN.

Imp. A. Tournier à Lyon.

GROSSE LOUISE

(N° 26)

Dictionnaire de pomologie. ANDRÉ LEROY.

OBSERVATIONS. — D'après M. André Leroy, cette variété serait un semis de hasard, trouvé dans un jardin de la ville de Tourcoing (Nord). Elle porta d'abord le nom de Louise-bonne-Butin, ayant été propagée par M. Butin, pépiniériste à Wambrechies-lez-Lille; et même quelques catalogues ont écrit par erreur Louise-bonne-Hutin, du nom de M. Hutin, jardinier de M. Léon Leclerc, auquel elle était ainsi faussement attribuée. — L'arbre est d'une bonne vigueur aussi bien sur cognassier que sur franc, d'une végétation bien équilibrée qui le rend propre à toutes formes et surtout à celle de pyramide. Il est bien multiplié, surtout en haute tige, dans la localité où il a pris naissance. Sa fertilité est précoce et grande et son fruit est une bonne Poire pour le marché.

DESCRIPTION.

Rameaux forts, anguleux dans leur contour, droits, à entre-nœuds longs, verdâtres du côté de l'ombre, bien colorés de rouge vineux du côté du soleil ; lenticelles blanchâtres, petites, très-peu nombreuses et peu apparentes.

Boutons à bois petits, coniques, courts, un peu maigres et peu aigus, à direction bien écartée du rameau vers sa partie inférieure et au contraire parallèles au rameau lorsqu'ils sont situés à sa partie supérieure, soutenus sur des supports un peu renflés et dont l'arête médiane se prolonge distinctement; écailles d'un marron noirâtre.

Pousses d'été d'un vert pâle, bien colorées de rouge et à peine duveteuses à leur sommet.

Feuilles des pousses d'été petites, ovales-elliptiques, se terminant brusquement en une pointe très-courte et très-fine, un peu concaves ou un peu repliées sur leur nervure médiane et non arquées, bordées de dents inégales entre elles, extraordinairement peu profondes et souvent peu appréciables, s'abaissant un peu sur des pétioles assez courts, un peu forts et un peu redressés.

Stipules en alênes courtes, fines et recourbées.

Feuilles stipulaires rares.

Boutons à fruit petits, conico-ovoïdes, bien maigres et bien aigus ; écailles d'un marron rougeâtre foncé, largement bordé de gris blanchâtre.

Fleurs moyennes ; pétales arrondis-élargis, souvent irréguliers et largement ondulés dans leur contour, peu concaves, à onglet très-court, se recouvrant entre eux ; divisions du calice extraordinairement courtes et étalées ; pédicelles de moyenne longueur et très-peu duveteux.

Feuilles des productions fruitières petites, un peu obovales-elliptiques, se terminant brusquement en une pointe courte, planes ou presque planes, bordées de dents extraordinairement fines et extraordinairement peu profondes, bien soutenues sur des pétioles assez courts, très-grêles et cependant bien roides.

Caractère saillant de l'arbre : teinte générale du feuillage d'un vert clair ; serrature de toutes les feuilles remarquablement fine et peu profonde ; tous les pétioles bien roides.

Fruit gros ou très-gros, turbiné-conique, ordinairement irrégulier et bosselé dans son contour, atteignant sa plus grande épaisseur bien au-dessous du milieu de sa hauteur ; au-dessus de ce point, s'atténuant par une courbe d'abord peu convexe puis peu concave en une pointe plus ou moins courte, épaisse, largement et irrégulièrement tronquée à son sommet ; au-dessous du même point, s'atténuant un peu brusquement par une courbe peu convexe pour diminuer d'épaisseur vers la cavité de l'œil.

Peau mince et tendre, d'abord d'un vert d'eau très-peu foncé semé de points d'un vert plus intense, larges, espacés, souvent burinés en creux et peu apparents. Une rouille brune, un peu dense, se disperse parfois sur sa surface et surtout sur la base du fruit. A la maturité, **septembre**, le vert fondamental passe au jaune paille seulement doré du côté du soleil et sur lequel les points deviennent bruns et plus apparents.

Œil moyen, fermé ou demi-fermé, placé dans une cavité peu profonde, évasée et souvent irrégulière.

Queue assez courte ou un peu longue, forte, charnue, bien épaissie à son point d'attache au rameau, attachée à fleur de la pointe du fruit ordinairement écrasée et formant un pli profond et irrégulier.

Chair bien blanche, peu fine, creuse, abondante en eau douce, sucrée et peu parfumée, constituant un fruit seulement de seconde qualité.

VICE-PRÉSIDENT DELEHOYE

(N° 27)

OBSERVATIONS. — J'ai reçu de la Société Van Mons cette variété obtenue par M. Grégoire, de Sodoigne, et dédiée par lui à M. Delehoye, alors vice-président du tribunal de première instance, à Nivelles (Belgique). — L'arbre, d'une végétation normale sur cognassier, se prête facilement aux formes régulières, en tenant compte de sa disposition à abaisser bientôt ses branches jusqu'à la direction horizontale. Il est d'une fertilité précoce et bonne et son fruit est de bonne qualité.

DESCRIPTION.

Rameaux peu forts, anguleux dans leur contour, un peu flexueux, à entre-nœuds très-courts, verdâtres ; lenticelles blanches, très-petites, assez peu nombreuses et peu apparentes.

Boutons à bois très-petits, coniques, courts, épais et émoussés, à direction peu écartée du rameau, soutenus sur des supports saillants dont l'arête médiane se prolonge bien distinctement ; écailles d'un marron rougeâtre finement bordé de gris blanchâtre.

Pousses d'été d'un vert clair, un peu lavées de rouge et peu duveteuses à leur sommet.

Feuilles des pousses d'été moyennes, exactement ovales, se terminant presque régulièrement en une pointe bien fine, concaves ou un peu repliées sur leur nervure médiane et non arquées, bordées de dents fines, assez profondes et bien aiguës, bien soutenues sur des pétioles de moyenne longueur, grêles et redressés.

Stipules en alênes de moyenne longueur et fines.

Feuilles stipulaires manquant le plus souvent.

Boutons à fruit très-petits, conico-ovoïdes, courts et émoussés ; écailles d'un marron peu foncé.

Fleurs presque moyennes ; pétales ovales-elliptiques, souvent sensiblement atténués à leur sommet, concaves, à onglet court, se touchant entre eux ; divisions du calice peu longues et un peu recourbées en dessous seulement par leur pointe ; pédicelles courts, peu forts et peu duveteux.

Feuilles des productions fruitières moyennes ou petites, ovales-elliptiques, se terminant presque régulièrement en une pointe courte et bien aiguë, un peu concaves ou presque planes, bordées de dents fines, très-peu profondes et un peu aiguës, irrégulièrement soutenues sur des pétioles de moyenne longueur, très-grêles et divergents.

Caractère saillant de l'arbre : teinte générale du feuillage d'un vert décidé ; toutes les feuilles bien finement acuminées ; tous les pétioles bien grêles.

Fruit presque moyen, turbiné-ovoïde, plus ou moins court et bien ventru, souvent un peu déformé dans son contour par des côtes aplanies, atteignant sa plus grande épaisseur à peu près au milieu de sa hauteur ; au-dessus de ce point, s'atténuant brusquement par une courbe d'abord bien convexe puis bien concave en une pointe courte, peu épaisse et obtuse à son sommet ; au-dessous du même point, s'atténuant par une courbe largement convexe pour diminuer sensiblement d'épaisseur vers la cavité de l'œil.

Peau fine, mince, d'abord d'un vert clair semé de points d'un gris fauve, nombreux, bien régulièrement espacés et un peu apparents. Une tache d'une rouille fauve couvre ordinairement le sommet du fruit et souvent la cavité de l'œil. A la maturité, **fin de septembre, octobre,** le vert fondamental passe au jaune citron brillant et le côté du soleil est chaudement doré.

Œil bien grand, ouvert ou demi-ouvert, placé dans une cavité large, profonde et ordinairement divisée par ses bords en des rudiments de côtes qui se prolongent souvent sur le ventre du fruit.

Queue courte, charnue, élastique, attachée le plus souvent obliquement dans un pli peu prononcé.

Chair blanche, fine, entièrement fondante, abondante en eau douce, sucrée et délicatement parfumée.

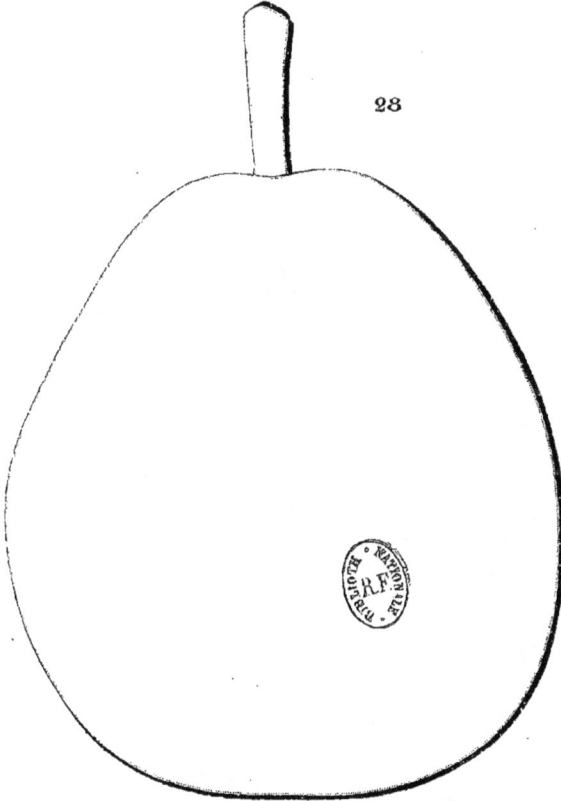

27, VICE-PRESIDENT DELEHOYE.   28, PHILADELPHIA.

Imp.A.Tournier á Lyon.

PHILADELPHIA

(N° 28)

The Fruits and the fruit-trees of America. DOWNING.
The American fruit Culturist. THOMAS.

OBSERVATIONS. — Cette variété, d'après Downing, est originaire de Philadelphie. — L'arbre, d'une vigueur normale sur cognassier, est disposé naturellement à la forme pyramidale. D'une belle végétation sur franc, il convient à la haute tige dont le rapport est précoce et grand. Il peut être conseillé à la culture de spéculation, son fruit étant d'un beau volume et d'une bonne qualité qui s'améliore par une cueillette anticipée.

DESCRIPTION.

Rameaux de moyenne force, obscurément anguleux dans leur contour, droits, à entre-nœuds très-courts, d'un jaune un peu teinté de verdâtre par places ; lenticelles blanches, petites, un peu allongées, assez nombreuses et peu apparentes.

Boutons à bois petits, coniques, courts, un peu aigus, tantôt appliqués au rameau à sa partie supérieure, tantôt à direction un peu écartée du rameau à sa partie inférieure, soutenus sur des supports un peu saillants dont les côtés et l'arête médiane se prolongent distinctement mais non vivement ; écailles presque noires.

Pousses d'été d'un vert très-clair, non colorées de rouge et à peine duveteuses à leur sommet.

Feuilles des pousses d'été à peine moyennes, ovales-allongées et peu larges, se terminant presque régulièrement en une pointe très-courte et très-fine, creusées en gouttière et à peine arquées, bordées de dents peu profondes et émoussées, soutenues horizontalement sur des pétioles de moyenne longueur, de moyenne force et peu flexibles.

Stipules en alênes plus ou moins longues et fines.

Feuilles stipulaires manquant le plus souvent.

Boutons à fruit moyens, conico-ovoïdes, allongés et aigus ; écailles extérieures d'un marron noirâtre et brillant ; écailles intérieures d'un marron rougeâtre.

Fleurs moyennes ; pétales ovales, sensiblement atténués à leur sommet, très-concaves, écartés entre eux ; divisions du calice de moyenne longueur, finement aiguës et peu recourbées en dessous ; pédicelles courts, forts et presque glabres.

Feuilles des productions fruitières moyennes, les unes elliptiques et se terminant très-brusquement en une pointe extraordinairement courte, les autres ovales-elliptiques, allongées et se terminant régulièrement en une pointe courte, creusées en gouttière et un peu arquées, bordées de dents fines, peu profondes et un peu aiguës, assez bien soutenues sur des pétioles un peu longs, un peu forts, divergents et fermes.

Caractère saillant de l'arbre : teinte générale du feuillage d'un beau vert intense et brillant ; feuilles les plus jeunes d'un vert extraordinairement clair, presque jaunes ; toutes les feuilles régulièrement creusées en gouttière ; forme pyramidale naturelle.

Fruit gros, turbiné-piriforme, court et épais, ordinairement uni dans son contour, atteignant sa plus grande épaisseur bien au-dessous du milieu de sa hauteur ; au-dessus de ce point, s'atténuant par une courbe peu convexe et parfois à peine concave en une pointe peu longue, bien épaisse et largement tronquée à son sommet ; au-dessous du même point, s'arrondissant par une courbe bien convexe pour s'aplatir ensuite un peu autour de la cavité de l'œil.

Peau un peu épaisse et cependant tendre, d'abord d'un vert clair semé de points bruns, très-petits, nombreux et très-peu apparents ; une large tache d'une rouille brune couvre la cavité de l'œil et souvent la base du fruit et cette même rouille s'étend dans la cavité de la queue et un peu au-delà de ses bords. A la maturité, **septembre,** le vert fondamental passe au beau jaune citron brillant, et le côté du soleil, chaudement doré, est rarement flammé d'un rouge très-léger.

ŒIl grand, ouvert, à divisions courtes, placé dans une cavité étroite, un peu profonde, bien évasée et souvent irrégulière par ses bords.

Queue de moyenne longueur, un peu forte, attachée le plus souvent perpendiculairement dans une cavité étroite, un peu profonde et irrégulière par ses bords.

Chair bien blanche, demi-fine, beurrée, fondante, à peine un peu pierreuse vers le cœur, abondante en eau douce, sucrée et délicatement parfumée.

MUSCATELLE

(N° 29)

Catalogue. Papeleu. 1853-1854.
Catalogue. de Bavay. 1854-1855.
MUSQUÉE D'ESPEREN. *Dictionnaire de pomologie.* André Leroy.
Catalogue. de Jonghe. 1854.

Observations. — M. Papeleu annonça cette variété comme un gain de M. Esperen, et il ne m'a pas été possible d'acquérir quelque certitude sur l'époque de son obtention. Il est difficile, entre les deux noms que je cite, de reconnaître quel est celui qui a l'avantage de la priorité; j'ai préféré celui donné par M. de Bavay qui s'est occupé sérieusement de la synonymie des fruits belges. D'une végétation contenue sur cognassier, elle ne peut suffire qu'à de petites formes sur ce sujet. Sa culture en plein verger peut être avantageuse ; son fruit étant bien attaché et pouvant faire d'excellentes conserves sèches.

DESCRIPTION.

Rameaux forts, peu allongés, à entre-nœuds très-courts, d'un brun rouge teinté de verdâtre par places ; lenticelles grisâtres, petites, nombreuses et peu apparentes.

Boutons à bois gros, coniques, allongés, obtus, à direction bien écartée du rameau, soutenus sur des supports saillants ; écailles entre ouvertes, d'un marron clair, entièrement recouvert de gris blanchâtre.

Pousses d'été un peu flexueuses, d'un vert décidé, un peu colorées de rouge et peu duveteuses à leur sommet.

Feuilles des pousses d'été à peine moyennes, ovales-elliptiques, assez sensiblement atténuées à leurs deux extrémités, se terminant un peu brusquement en une pointe peu longue, repliées sur leur nervure médiane et souvent non arquées, bordées de dents peu profondes et obtuses, dressées sur des pétioles de moyenne longueur, de moyenne force et roides.

Stipules longues, linéaires, très-étroites ou filiformes.

Feuilles stipulaires se présentant rarement.

Boutons à fruit moyens, coniques, allongés et obtus ; écailles d'un marron très-clair, largement bordé de gris blanchâtre.

Fleurs petites ; pétales ovales-élargis et le plus souvent aigus à leur sommet, un peu roses avant l'épanouissement ; pédicelles très-courts et un peu rougeâtres.

Feuilles des productions fruitières moyennes, ovales-allongées, se terminant un peu brusquement en une pointe courte, planes ou peu repliées sur leur nervure médiane, bordées de dents fines et aiguës, bien soutenues sur des pétioles courts et redressés.

Caractère saillant de l'arbre : rameaux courts et à entre-nœuds très-courts ; aspect de roideur des feuilles des pousses d'été.

Fruit petit, presque sphérique ou sphérico-conique, uni dans son contour, atteignant sa plus grande épaisseur à peu près au milieu de sa hauteur ; au-dessus de ce point, s'arrondissant par une courbe peu convexe pour se terminer en une pointe tronquée vers la queue ; au-dessous du même point, s'arrondissant par une courbe bien convexe jusque dans la cavité de l'œil.

Peau fine, mince et cependant un peu ferme, d'abord d'un vert d'eau semé de points bruns, bien arrondis, assez nombreux et régulièrement espacés, mélangés de quelques traits d'une rouille de même couleur qui se condense en une tache dans la cavité de la queue et se dispose en raies circulaires dans celle de l'œil. A la maturité, **courant d'hiver,** le vert fondamental passe au jaune citron, et le côté du soleil n'est guère indiqué que par la couleur plus foncée des points.

Œil petit, à divisions jaunâtres, fermes, presque toujours caduques, enfoncé dans une cavité profonde, évasée en forme d'entonnoir, quelquefois un peu plissée dans ses parois et par ses bords.

Queue très-courte, d'un brun noir, ligneuse, épaissie à son point d'attache au rameau, implantée perpendiculairement dans une cavité très-peu profonde et très-largement évasée ou parfois sur une sorte de mamelon qui termine le fruit.

Chair jaunâtre, transparente, demi-fondante ou presque fondante, abondante en eau sucrée et hautement musquée.

29

30

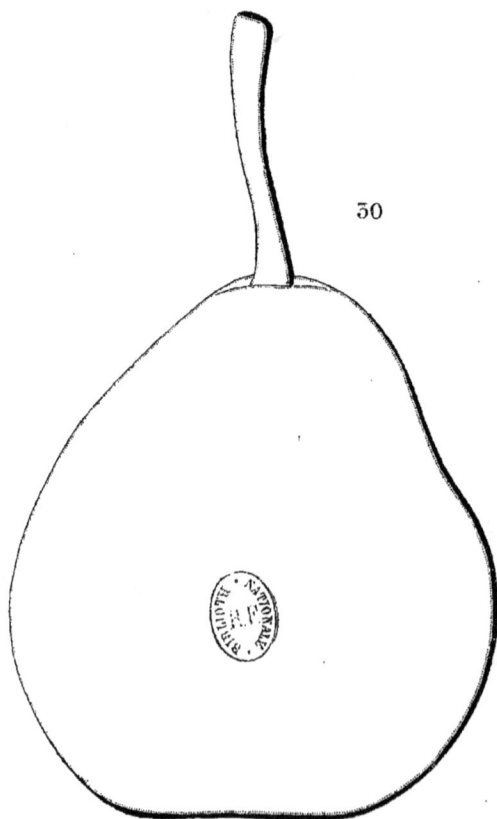

29, MUSCATELLE.   30, BEURRÉ AUNÉNIÈRE.

Imp. A. Tournier à Lyon

BEURRÉ AUNÉNIÈRE

(N° 30)

Catalogue. BIVORT. 1851-1852.
Handbuch aller bekannten Obstsorten. BIEDENFELD.
Dictionnaire de pomologie. ANDRÉ LEROY.

OBSERVATIONS. — J'ai reçu de M. Bivort cette variété probablement obtenue par Van Mons. Depuis plus de vingt ans que je l'observe, je lui ai reconnu des qualités pour la culture en plein vent. Elle est rustique; son fruit d'un assez beau volume, bien attaché, n'est que de seconde qualité, mais il gagne par une cueillette anticipée, supporte facilement le transport et convient à la vente sur le marché.

DESCRIPTION.

Rameaux de force moyenne et bien soutenus jusqu'à leur sommet, un peu anguleux dans leur contour, presque droits, à entre-nœuds inégaux entre eux, d'un brun jaunâtre du côté de l'ombre, colorés de rouge sanguin vif du côté du soleil; lenticelles blanches, petites, arrondies et peu nombreuses.

Boutons à bois moyens, coniques, un peu épais et peu aigus, à direction presque parallèle au rameau, soutenus sur des supports peu saillants dont les côtés et surtout l'arête médiane se prolongent assez distinctement; écailles d'un marron rougeâtre.

Pousses d'été colorées de rouge sanguin sur presque toute leur longueur, couvertes à leur sommet d'un duvet blanchâtre, court et peu serré.

Feuilles des pousses d'été petites, un peu obovales, s'atténuant assez régulièrement en une pointe effilée et aiguë, peu repliées sur leur nervure médiane, bordées de dents fines, très-peu profondes, manquant souvent, retombant sur des pétioles longs, grêles et horizontaux.

Stipules assez longues, linéaires, très-étroites ou presque filiformes.

Feuilles stipulaires assez rares.

Boutons à fruit à peine moyens, coniques et bien obtus; écailles jaunâtres et finement bordées de gris.

Fleurs moyennes, souvent un peu semi-doubles ; pétales arrondis et tronqués à leur sommet, un peu chiffonnés, blancs avant l'épanouissement ; divisions du calice peu recourbées en dessous ; pédicelles longs et grêles.

Feuilles des productions fruitières parfois plus grandes mais ordinairement plus petites que celles des pousses d'été, cependant un peu plus élargies, presque planes, régulièrement bordées de dents fines et peu profondes, assez peu soutenues sur des pétioles de moyenne longueur, bien grêles et flexibles.

Caractère saillant de l'arbre : toutes les feuilles petites ; tous les pétioles bien grêles.

Fruit moyen ou presque gros, conique-piriforme, ordinairement uni dans son contour, atteignant sa plus grande épaisseur peu au-dessous du milieu de sa hauteur ; au-dessus de ce point, s'atténuant par une courbe d'abord convexe puis concave en une pointe peu longue, bien épaisse et largement tronquée ou bien obtuse à son sommet ; au-dessous du même point, s'atténuant peu par une conrbe à peine convexe pour ensuite s'arrondir jusque dans la cavité de l'œil.

Peau fine, unie, un peu ferme, d'abord d'un vert blanchâtre semé de très-petits points verts, à peine visibles. A la maturité, **septembre**, le vert fondamental passe au jaune paille brillant, les points deviennent fauves et le côté du soleil est lavé d'un soupçon de rouge clair qui manque souvent et alors le jaune reste bien uniforme sur toute la surface du fruit.

Œil grand, demi-ouvert ou fermé, à divisions un peu fermes, placé dans une cavité bien régulière, assez profonde, plissée dans ses parois et bien évasée par ses bords.

Queue longue, ligneuse, un peu recourbée vers son point d'attache au rameau, épaissie à sa base, insérée bien perpendiculairement dans un pli plutôt que dans une cavité.

Chair bien blanche, un peu grosse, mi-cassante, suffisante en eau sucrée et agréablement parfumée.

ROUSSELET DE JANVIER

(N° 31)

Catalogue. BIVORT. 1851-1852.
Bulletin de la Société VAN MONS.
Catalogue. DE JONGHE. 1854.
The Fruits and the fruit-trees of America. DOWNING.
Dictionnaire de pomologie. ANDRÉ LEROY.
Notices pomologiques. DE LIRON D'AIROLES.
JANUAR ROUSSELET. *Illustrirtes Handbuch der Obstkunde.* JAHN.

OBSERVATIONS. — Obtenue par Bivort, cette variété donna ses premiers fruits en 1848. — Sa végétation est un peu insuffisante sur cognassier ; toutefois, ce sujet est préférable pour l'espalier sur lequel son fruit s'améliore en volume et en qualité. Dans un sol léger et riche, elle peut convenir en haute tige dans le grand verger. Son fruit est très-bien attaché, qualité importante pour une Poire d'hiver.

DESCRIPTION.

Rameaux fluets, un peu coudés à leurs entre-nœuds très-courts, d'un jaune rougeâtre ; lenticelles d'un gris blanchâtre, larges et peu nombreuses.

Boutons à bois gros, coniques, épais, un peu émoussés, à direction un peu écartée du rameau vers lequel ils se rapprochent à mesure qu'ils sont situés plus près de sa partie supérieure ; écailles d'un marron clair maculé de gris blanchâtre.

Pousses d'été d'un vert jaune et très-clair, t.ès-légèrement lavées de rouge et presque glabres à leur sommet.

Feuilles des pousses d'été ovales-étroites et un peu sensiblement atténuées à leur base, se rétrécissant promptement pour se terminer en une pointe effilée, planes ou peu repliées sur leur nervure médiane, peu arquées, régulièrement bordées de dents peu profondes et aiguës, soutenues horizontalement sur des pétioles longs, grêles, horizontaux et un peu colorés de rose.

Stipules courtes, filiformes, très-caduques.

Feuilles stipulaires fréquentes.

Boutons à fruit petits, conico-ovoïdes, un peu allongés et aigus ; écailles d'un marron foncé et brillant.

Fleurs petites ; pétales ovales, un peu crénelés par leurs bords, blancs avant l'épanouissement ; pédicelles courts, grêles, un peu rouges et presque glabres.

Feuilles des productions fruitières ovales-arrondies, se terminant un peu brusquement en une pointe un peu longue, concaves et non arquées, très-régulièrement bordées de dents très-fines, assez bien soutenues sur des pétioles un peu courts, très-grêles et redressés.

Caractère saillant de l'arbre : teinte générale du feuillage d'un vert blond ; toutes les feuilles petites, bien finement et bien régulièrement dentées ; tous les pétioles bien grêles.

Fruit petit ou presque moyen, ovoïde ou sphérico-ovoïde, uni dans son contour, atteignant sa plus grande épaisseur au milieu de sa hauteur ou peu au-dessous; au-dessus de ce point, s'atténuant par une courbe très-peu convexe en une pointe courte ou un peu longue, épaisse, bien obtuse ou quelquefois tronquée à son sommet ; au-dessous du même point, s'arondissant par une courbe largement convexe jusque dans la cavité de l'œil.

Peau épaisse, ferme, d'abord d'un vert herbacé semé de points bruns, très-larges, assez nombreux, régulièrement espacés et bien apparents. On remarque aussi sur sa surface quelques taches d'une rouille épaisse d'un brun foncé et surtout dans la cavité de l'œil. A la maturité, **décembre et janvier,** le vert fondamental passe au jaune paille, blanchâtre et mat, et le côté du soleil se colore d'un beau rouge cramoisi, entremêlé de traits de rouille.

OEil petit, ouvert, à divisions courtes, noirâtres, presque étalées, placé dans une cavité assez large, peu profonde, bien régulière dans ses parois et par ses bords.

Queue de moyenne longueur et de moyenne force, bien droite, ligneuse, insérée bien perpendiculairement dans un pli formé par la pointe du fruit.

Chair blanche, un peu jaunâtre vers le cœur, bien fine, fondante, suffisante en eau sucrée, vineuse et richement parfumée.

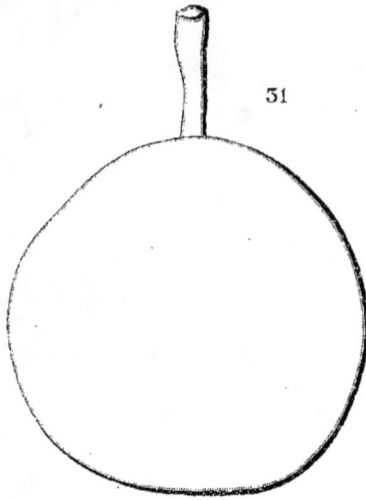

31

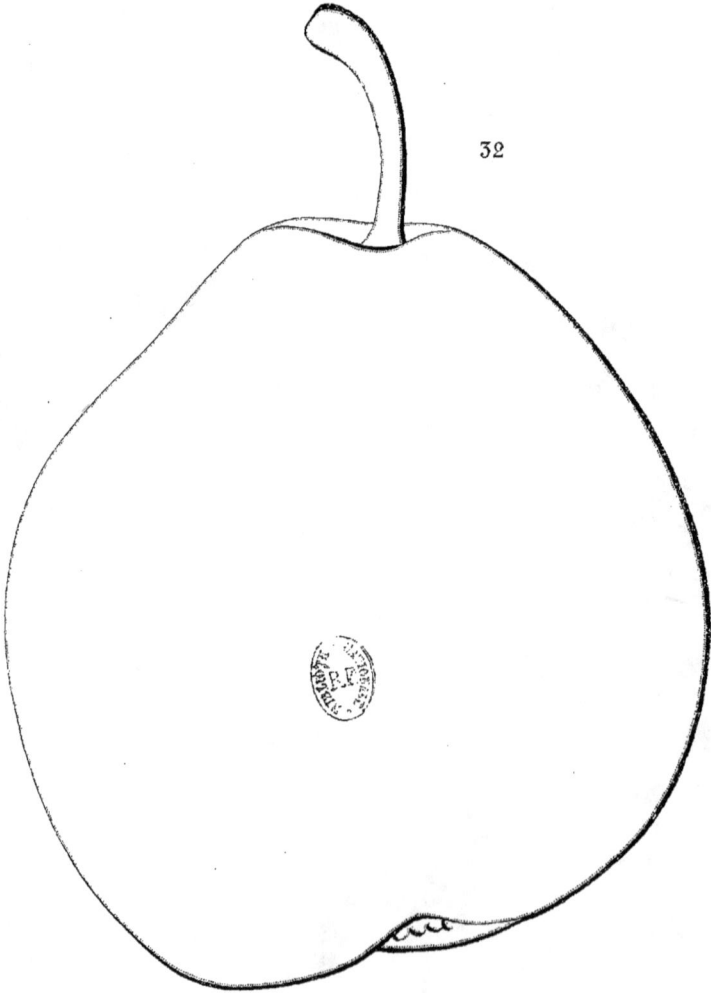

32

31, ROUSSELET DE JANVIER.   32, GROS LUCAS.

ImT. Garnier à Lyon.

GROS LUCAS

(N° 32)

Dictionnaire de pomologie. ANDRÉ LEROY.

OBSERVATIONS. — M. André Leroy est le seul pomologiste qui ait donné une description de cette variété que j'ai reçue de lui, il y a une vingtaine d'années. Il la trouva dans le jardin du Comice horticole d'Angers, créé en 1832, et pense que c'est une variété locale, n'ayant pu en trouver nulle part aucune mention. — L'arbre, d'une vigueur normale sur cognassier, forme sur ce sujet de belles pyramides, d'un rapport précoce et riche; toutefois son fruit n'est pas d'une qualité à décider à l'admettre dans le jardin fruitier. Il convient mieux au verger de campagne où il fournira d'abondantes provisions pour les besoins du ménage.

DESCRIPTION.

Rameaux de moyenne force, bien anguleux ou plutôt cannelés dans leur contour, droits, à entre-nœuds très-inégaux entre eux, jaunâtres du côté de l'ombre et un peu teintés de rouge du côté du soleil, lenticelles grisâtres, peu larges, arrondies et peu apparentes.

Boutons à bois presque moyens, coniques, renflés sur le dos, à direction parallèle au rameau vers lequel ils se recourbent par leur pointe, soutenus sur des supports un peu saillants dont les côtés et l'arête médiane se prolongent un peu distinctement; écailles d'un marron clair.

Pousses d'été d'un vert jaunâtre à leur partie inférieure, d'un vert très-clair à leur sommet couvert d'un duvet très-court.

Feuilles des pousses d'été moyennes, obovales, s'atténuant promptement pour se terminer brusquement en une pointe très-longue et très-aiguë, planes ou un peu concaves, un peu recourbées en dessous par leur pointe, bordées de dents un peu profondes et aiguës, assez peu soutenues sur des pétioles longs, grêles et redressés.

Stipules extraordinairement longues, lancéolées, dentées.

Feuilles stipulaires fréquentes.

Boutons à fruit moyens, conico-ovoïdes, finement aigus ; écailles d'un marron peu foncé.

Fleurs grandes ; pétales elliptiques-arrondis, concaves, entièrement blancs avant l'épanouissement ; divisions du calice de moyenne longueur, finement aiguës et peu recourbées en dessous ; pédicelles longs, un peu forts et peu duveteux.

Feuilles des productions fruitières, les unes plus petites que celles des pousses d'été et ovales-arrondies, les autres plus grandes et ovales-étroites, planes, largement ondulées dans leur contour, bordées de dents très-peu profondes et un peu aiguës, mal soutenues sur des pétioles longs, grêles et flexibles.

Caractère saillant de l'arbre : teinte générale du feuillage d'un vert jaune ; feuilles des productions fruitières largement et sensiblement ondulées dans leur contour ; toutes les feuilles longuement acuminées ; rameaux remarquablement cannelés.

Fruit gros ou très-gros, sphérico-ovoïde, ordinairement irrégulier et bosselé dans son contour, atteignant sa plus grande épaisseur peu au-dessous du milieu de sa hauteur ; au-dessus de ce point, s'atténuant par une courbe largement convexe ou largement concave en une pointe peu longue, très-épaisse et tronquée à son sommet ; au-dessous du même point, s'arrondissant par une courbe bien convexe jusque dans la cavité de l'œil.

Peau assez fine, d'abord d'un vert pâle semé de très-petits points. On remarque aussi souvent quelques traces de rouille sur sa surface qui se condensent en une tache sur le sommet du fruit. A la maturité, **commencement et courant d'hiver,** le vert fondamental passe au jaune paille, prenant seulement un ton un peu plus chaud du côté du soleil.

OEil grand, ouvert, à divisions longues et recourbées en dehors, placé dans une cavité large, très-profonde et ordinairement divisée dans ses bords par des côtes inégales et peu prononcées qui se prolongent irrégulièrement sur le ventre du fruit.

Queue un peu longue, grêle, ligneuse, crochue, épaissie à son point d'attache à la pointe du fruit un peu déprimée ou plissée circulairement.

Chair bien blanche, grossière, demi-cassante, peu abondante en eau douce, sucrée et sans parfum appréciable.

ANNA AUDUSSON

(N° 33)

Congrès pomologique de France.
The Fruits and the fruit-trees of America. DOWNING.
Dictionnaire de pomologie. ANDRÉ LEROY.
BEURRÉ ANNA AUDUSSON. Notice pomologique. DE LIRON D'AIROLES :
Horticulteur français. 1857.
DOYENNÉ ANNA AUDUSSON. Pomologie de Maine-et-Loire.

OBSERVATIONS. — Cette variété, qui a été obtenue par M. Alexis Audusson, pépinériste à Angers, donna ses premiers fruits en 1848. Appréciée avec de grands éloges, lors de sa première présentation au Comice horticole de Maine-et-Loire, elle a été jugée depuis un peu trop sévèrement par M. André Leroy. La vérité est, je crois, entre ces deux termes, et le fruit de l'Anna Audusson peut être recommandé à la culture comme le plus souvent de bonne qualité. — L'arbre, d'une bonne vigueur sur cognassier, n'est pas très-prompt au rapport, d'une fertilité seulement moyenne et forme des pyramides très-régulières et d'un entretien facile.

DESCRIPTION.

Rameaux de moyenne force, finement anguleux dans leur contour, flexueux, à entre-nœuds de moyenne longueur et inégaux entre eux, d'un vert jaunâtre ; lenticelles blanches, petites, peu nombreuses et peu apparentes.

Boutons à bois petits, coniques, courts, épais et émoussés, à direction très-peu écartée du rameau, soutenus sur des supports très-peu saillants dont l'arête médiane se prolonge très-finement ; écailles d'un marron rougeâtre foncé et finement bordé de gris argenté.

Pousses d'été d'un vert très-clair et un peu teinté de jaune, à peine lavées de rouge et presque glabres à leur sommet.

Feuilles des pousses d'été à peine moyennes, ovales-elliptiques ou ovales-arrondies, se terminant un peu brusquement en une pointe peu longue, fine et recourbée, un peu repliées sur leur nervure médiane et un peu arquées, bordées de dents très-peu profondes, irrégulières et obtuses, souvent entières ou presque entières par leurs bords, assez bien soutenues sur des pétioles longs, peu forts, bien redressés et peu flexibles.

Stipules longues, exactement filiformes.

Feuilles stipulaires manquant le plus souvent.

Boutons à fruit moyens, conico-ovoïdes, peu aigus; écailles d'un marron rougeâtre foncé et terne.

Fleurs moyennes; pétales elliptiques-arrondis, bien concaves, un peu lavés de rose avant l'épanouissement; divisions du calice de moyenne longueur et étalées; pédicelles courts, un peu forts et presque glabres.

Feuilles des productions fruitières plus petites que celles des pousses d'été, ovales-elliptiques, se terminant un peu brusquement en une pointe extraordinairement courte et fine, à peine repliées sur leur nervure médiane ou à peine concaves, recourbées en dessous seulement par leur pointe, presque toujours entières par leurs bords, bien soutenues sur des pétioles de moyenne longueur, grêles, roides et redressés.

Caractère saillant de l'arbre : teinte générale du feuillage d'un vert clair et un peu jaune ; la plupart des feuilles le plus souvent entières ou presque entières par leurs bords ; direction bien perpendiculaire des rameaux.

Fruit moyen ou à peine moyen, turbiné bien ventru ou turbiné-sphérique, inconstant dans sa forme et souvent irrégulier dans son contour, atteignant sa plus grande épaisseur près de sa base ; au-dessus de ce point, s'atténuant par une courbe à peine convexe ou parfois à peine concave en une pointe courte ou peu longue, épaisse et obtuse ; au dessous du même point, s'arrondissant par une courbe bien convexe pour s'aplatir ensuite un peu autour de la cavité de l'œil.

Peau assez mince et tendre, d'abord d'un vert pâle semé de points extraordinairement petits, très-nombreux et à peine visibles. Une rouille brune et dense couvre ordinairement la cavité de l'œil et souvent le sommet du fruit. A la maturité, **octobre, novembre et décembre,** le vert fondamental s'éclaircit plutôt qu'il ne passe au jaune, et le côté du soleil peut à peine être distingué.

Œil grand, fermé, placé dans une cavité très-peu profonde, très-évasée, sillonnée dans ses parois et divisée dans ses bords par des plis qui se prolongent parfois un peu sur la base du fruit.

Queue très-courte, très-forte, attachée obliquement dans un pli charnu et irrégulier.

Chair blanchâtre, assez fine, beurrée, fondante, à peine pierreuse vers le cœur, suffisante en eau douce, sucrée et légèrement parfumée.

33

34

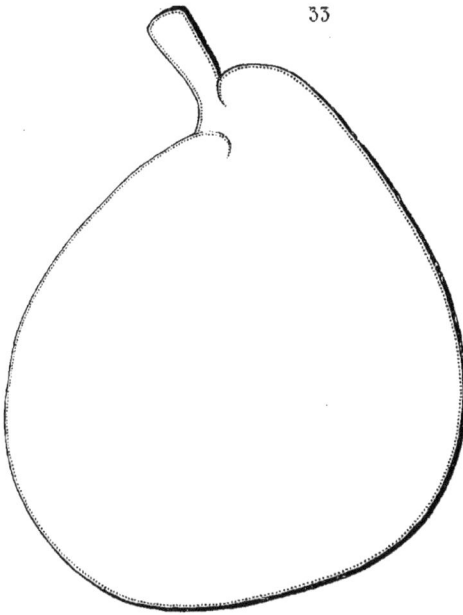

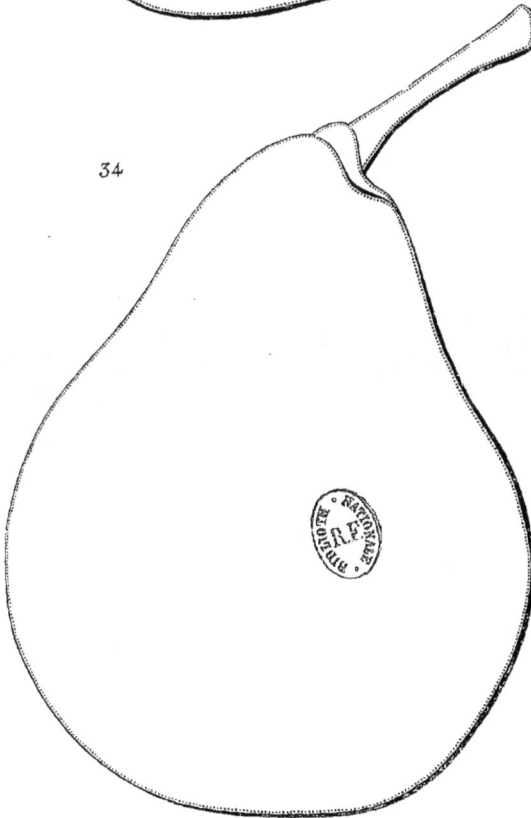

33, ANNA AUDUSSON.   34, PASTORALE.

Imp.A.Tournier à Lyon

Peingeon Del.

PASTORALE

(MUSETTE D'AUTOMNE)

(N° 34)

Traité des arbres fruitiers. DUHAMEL.
Nouveau traité des arbres fruitiers. LOISELEUR-DESLONGCHAMPS.
A Guide to the orchard. LINDLEY.
Jardin fruitier du Muséum. DECAISNE.
Dictionnaire de pomologie. ANDRÉ LEROY.

OBSERVATIONS.— L'origine de cette variété est très-ancienne.— L'arbre, greffé sur cognassier, est d'une vigueur assez bonne, mais ses branches souples, divergentes, le rendent peu propre aux formes régulières. Sa véritable destination est la haute tige sur franc, dont la tête atteint une dimension moyenne et devient bientôt très-fertile. Son fruit, bien attaché, de bonne conservation, n'est pas d'une assez bonne qualité pour la recommander pour une autre culture que celle du verger de campagne.

DESCRIPTION.

Rameaux de moyenne force, anguleux dans leur contour, bien flexueux, à entre-nœuds alternativement courts et bien allongés, d'un brun verdâtre un peu teinté de rouge vif vers les nœuds ; lenticelles blanchâtres, petites, assez peu nombreuses et peu apparentes.

Boutons à bois petits, coniques, courts, épais et émoussés, à direction un peu écartée du rameau, soutenus sur des supports saillants dont les côtés et l'arête médiane se prolongent distinctement ; écailles d'un marron très-foncé, presque noir.

Pousses d'été d'un vert jaune, colorées de rouge et longtemps un peu cotonneuses à leur sommet.

Feuilles des pousses d'été moyennes, ovales-élargies, se terminant un peu brusquement en une pointe longue, large et cependant finement aiguë, peu repliées sur leur nervure médiane ou presque planes, bordées de dents peu profondes, bien couchées et peu aiguës, assez bien soutenues sur des pétioles de moyenne longueur, grêles et redressés.

Stipules très-caduques.

Feuilles stipulaires manquant ordinairement.

Boutons à fruit assez gros, conico-ovoïdes, courts et émoussés ; écailles d'un marron noirâtre.

Fleurs moyennes ou assez grandes ; pétales elliptiques-arrondis, peu concaves, à onglet long, peu écartés entre eux ; divisions du calice assez courtes et recourbées en dessous ; pédicelles longs, peu forts et peu duveteux.

Feuilles des productions fruitières grandes, ovales-elliptiques et élargies, se terminant un peu brusquement en une pointe très-courte et très-fine, même parfois nulle, à peine repliées sur leur nervure médiane et souvent très-largement ondulées dans leur contour, bordées de dents extraordinairement peu profondes, bien couchées et aiguës, assez peu soutenues sur des pétioles de moyenne longueur, grêles, divergents et un peu souples.

Caractère saillant de l'arbre : teinte générale du feuillage d'un vert herbacé intense ; toutes les feuilles plus ou moins élargies et garnies d'une serrature peu distincte.

Fruit moyen, turbiné-piriforme ou conique-piriforme, souvent un peu déformé dans son contour, surtout vers la queue, atteignant sa plus grande épaisseur au-dessous du milieu de sa hauteur ; au-dessus de ce point, s'atténuant par une courbe d'abord à peine convexe, puis à peine concave en une pointe un peu longue, assez peu épaisse et obtuse à son sommet ; au-dessous du même point, s'atténuant par une courbe convexe pour diminuer un peu sensiblement d'épaisseur vers la cavité de l'œil.

Peau peu épaisse, tendre, d'abord d'un vert d'eau semé de petits points bruns, peu distincts, qui se cachent souvent sous des taches de rouille d'un brun fauve peu foncé, dispersées sur la plus grande partie de la surface du fruit et se condensant sur son sommet et dans la cavité de l'œil. A la maturité, **novembre et décembre,** le vert fondamental passe au jaune citron intense, la rouille se dore et le côté du soleil, souvent peu appréciable, est parfois aussi couvert d'un roux doré.

Œil petit, ouvert ou demi-ouvert, à divisions souvent caduques, placé dans une cavité très-étroite, très-peu profonde et ordinairement régulière.

Queue de moyenne longueur, de moyenne force, ligneuse, épaissie à son point d'attache à un bourrelet charnu formé par la pointe du fruit et sur lequel elle est ordinairement repoussée obliquement.

Chair d'un blanc un peu jaunâtre, assez fine, demi-beurrée, suffisante en eau douce, sucrée, relevée d'une saveur fraîche et assez difficile à définir, constituant un fruit d'assez bonne qualité.

AIKEN

(N° 35)

Inédite.

OBSERVATIONS. — J'ai reçu cette variété de M. Downing, il y a quelques années. Je n'ai pu trouver aucun renseignement sur son origine, soit dans son ouvrage sur les fruits américains, soit dans les autres auteurs que j'ai pu consulter. Elle est probablement née dans les environs d'Aiken, ville de la Caroline du Sud. — L'arbre, peu vigoureux sur cognassier, est d'une fertilité très-précoce et très-grande, et si son fruit n'est pas de première qualité, je crois devoir le recommander pour les usages de la confiserie auxquels le rendent très-propre la consistance de sa chair et l'abondance de son sucre.

DESCRIPTION.

Rameaux peu forts, finement anguleux dans leur contour et surtout à leur partie supérieure, un peu flexueux, à entre-nœuds courts d'un brun doré brillant et un peu teinté de rouge du côté du soleil ; lenticelles blanches, petites, arrondies, peu nombreuses, un peu apparentes.

Boutons à bois moyens, coniques-allongés, un peu maigres et peu aigus, à direction bien écartée du rameau, soutenus sur des supports saillants dont les côtés et l'arête médiane se prolongent finement ; écailles intérieures d'un marron rougeâtre foncé et brillant ; écailles extérieures bordées de gris argenté.

Pousses d'été d'un vert clair et gai, à peine lavées de rouge à leur sommet et couvertes sur une assez grande partie de leur longueur d'un duvet gris blanchâtre.

Feuilles des pousses d'été moyennes, ovales-elliptiques, se terminant un peu brusquement en une pointe longue et finement aiguë, les supérieures planes, les inférieures creusées en gouttière, bordées de dents larges, inégales entre elles et peu aiguës. s'abaissant un peu ou dirigées horizontalement sur des pétioles assez courts, peu forts, et un peu recourbés.

Stipules de moyenne longueur, linéaires, étroites et très-caduques.

Feuilles stipulaires manquant ordinairement.

Boutons à fruit petits, conico-ovoïdes, obtus ; écailles d'un marron rougeâtre.

Fleurs grandes ; pétales elliptiques-arrondis, à peine concaves, à onglet très-court, se touchant presque entre eux ; divisions du calice un peu longues, larges à leur base et cependant bien finement aiguës, recourbées en dessous ; pédicelles courts, un peu forts et duveteux.

Feuilles des productions fruitières souvent plus petites que celles des pousses d'été, elliptiques, se terminant un peu brusquement en une pointe plus ou moins courte, bien creusées en gouttière et non arquées, bordées de dents inégales entre elles, peu profondes et bien aiguës, soutenues horizontalement sur des pétioles assez courts, peu forts et bien redressés.

Caractère saillant de l'arbre : teinte générale du feuillage d'un vert bleu ; toutes les feuilles presque exactement elliptiques.

Fruit moyen, turbiné, court et un peu ventru, ordinairement uni dans son contour, atteignant sa plus grande épaisseur bien au-dessous du milieu de sa hauteur ; au-dessus de ce point, s'atténuant promptement par une courbe à peine convexe en une pointe courte, épaisse et bien obtuse ; au-dessous du même point, s'arrondissant par une courbe bien convexe pour ensuite s'aplatir autour de la cavité de l'œil.

Peau fine, mince, entièrement recouverte d'une rouille fine, dense, uniforme, sur laquelle on reconnaît à peine quelques points. A la maturité, **octobre-novembre,** la rouille se dore chaudement et le côté du soleil est parfois teint d'un peu de rouge.

Œil très-grand, fermé, placé dans une cavité assez profonde, largement évasée et profondément plissée dans ses parois.

Queue courte, bien forte, épaissie à son point d'attache au rameau, élastique, souvent un peu courbée, attachée le plus souvent perpendiculairement dans un pli charnu et irrégulier.

Chair blanche, fine, consistante, beurrée, fondante, sans aucunes granulations vers le cœur, suffisante en eau richement sucrée et vineuse, mais sans parfum appréciable.

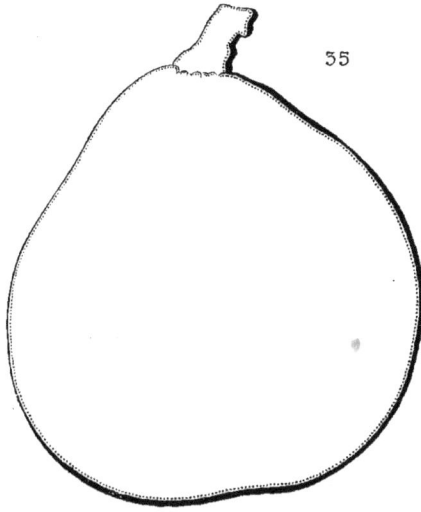

35

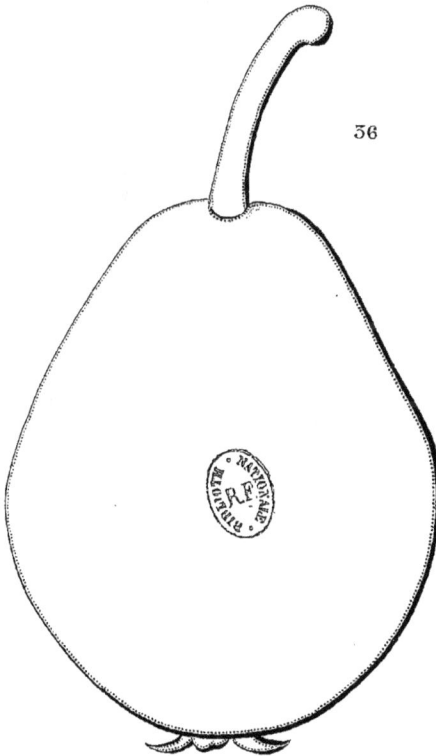

36

35, AIKEN .   36 , VERULAM .

Imp. A. Tournier à Lyon.

Peingeon Del[t]

VERULAM

(N° 36)

The fruit Manual. ROBERT HOGG.
The Fruits and the fruit-trees of America. DOWNING.

OBSERVATIONS.— Downing dit que l'origine de cette variété est inconnue. Son nom semblerait annoncer qu'elle appartient à l'Angleterre; je la crois à peu près inconnue en France, et elle ne peut être assimilée à aucune de nos variétés indigènes que j'aie pu étudier. — L'arbre, d'une végétation normale sur cognassier, se plie facilement à toutes formes et devient bientôt du rapport le plus riche. Sa rusticité indique sa place dans le verger de campagne où peuvent être admises les variétés dont les fruits sont destinés aux différents usages du ménage. C'est une Poire de première qualité pour les confitures et pour sécher, et aussi recommandable par sa longue et facile conservation.

DESCRIPTION.

Rameaux de moyenne force, à peine anguleux dans leur contour, à peine flexueux, à entre-nœuds courts, d'un brun rougeâtre ; lenticelles blanchâtres, le plus souvent un peu allongées, bien régulièrement espacées et apparentes.

Boutons à bois gros, coniques, très-épais et courts, peu aigus, à direction peu écartée du rameau, soutenus sur des supports très-peu saillants dont l'arête médiane se prolonge seule et très-obscurément ; écailles entièrement recouvertes de gris blanchâtre.

Pousses d'été colorées de rouge violacé vers les nœuds et couvertes à leur sommet, sur une longue étendue, d'un duvet long, épais et laineux.

Feuilles des pousses d'été petites, obovales-arrondies, se terminant brusquement en une pointe courte, bien creusées en gouttière et bien arquées, entières ou presque entières par leurs bords, se recourbant sur des pétioles très-courts, forts et roides.

Stipules en alênes courtes et un peu recourbées.

Feuilles stipulaires manquant presque toujours.

Boutons à fruit gros, conico-ovoïdes, bien renflés, un peu aigus ; écailles d'un marron rougeâtre.

Fleurs moyennes ; pétales ovales-elliptiques, souvent aigus à leur sommet, peu concaves, à onglet long, écartés entre eux ; divisions du calice un peu longues, finement aiguës et bien réfléchies en dessous ; pédicelles de moyenne longueur, un peu forts et un peu cotonneux.

Feuilles des productions fruitières moyennes, obovales-elliptiques et élargies, se terminant brusquement en une pointe courte, peu concaves ou planes, grossièrement dentées sur la moitié de leur contour et entières sur l'autre moitié, bien soutenues sur des pétioles courts, de moyenne force et roides.

Caractère saillant de l'arbre : teinte générale du feuillage d'un vert bleu ; feuilles des pousses d'été bien épaisses ; toutes les feuilles tendant à la forme arrondie ; tous les pétioles courts.

Fruit gros, irrégulièrement ovoïde, un peu ventru, atteignant sa plus grande épaisseur bien au-dessous du milieu de sa hauteur ; au-dessus de ce point, s'atténuant par une courbe d'abord largement convexe, puis un peu concave en une pointe, tantôt aiguë, tantôt un peu obtuse ; au-dessous du même point, s'atténuant bien par une courbe à peine convexe pour diminuer sensiblement d'épaisseur vers la cavité de l'œil.

Peau épaisse, ferme, d'abord d'un vert vif que l'on n'aperçoit qu'à travers un réseau serré d'une rouille brune, rude au toucher et qui devient ordinairement tellement dense qu'elle le cache entièrement. A la maturité, **courant d'hiver et printemps,** la rouille s'éclaire à peine et le côté du soleil est chargé d'un rouge vineux intense et comme bronzé. Sous la couche de rouille on soupçonne des points très-nombreux et serrés.

Œil grand, ouvert, à divisions très-longues et étroites, parfois caduques, plus ou moins enfoncé dans une cavité très-étroite dont les bords offrent toujours peu d'épaisseur et se divisent ordinairement en côtes peu développées qui se prolongent un peu sur la base du fruit.

Queue de moyenne longueur, bien ligneuse, souvent un peu courbée, épaissie à son point d'attache au rameau et peu forte du côté de la pointe du fruit dans laquelle elle est parfois un peu repoussée ou dont le plus souvent elle semble former la continuation.

Chair blanche, un peu verte sous la peau, grossière, cassante, abondante en jus sucré, vineux, acidulé et relevé.

ROKEBY

(Nº 37)

Album de pomologie. BIVORT.
Bulletin de la Société VAN MONS.
Catalogue. PAPELEU. 1863-1864.

OBSERVATIONS. — Cette variété est un gain de M. Bivort et son premier rapport eut lieu en 1848. — L'arbre, d'une végétation contenue sur cognassier, est d'une conduite facile sur ce sujet. Il pourrait convenir au grand verger par sa rusticité. Son fruit est de bonne apparence mais seulement de seconde qualité et doit être entre-cueilli.

DESCRIPTION.

Rameaux de moyenne force, un peu épaissis à leur sommet, anguleux dans leur contour, presque droits, à entre-nœuds très-courts, jaunâtres du côté de l'ombre et d'un brun rougeâtre du côté du soleil ; lenticelles blanchâtres, un peu larges, assez peu nombreuses et apparentes.

Boutons à bois assez gros, coniques, courts et épais, peu aigus, à direction parallèle au rameau, soutenus sur des supports bien saillants dont l'arête médiane se prolonge seule et bien distinctement ; écailles d'un marron noir et largement bordées de gris blanchâtre.

Pousses d'été d'un vert brun et couvertes sur presque toute leur longueur d'une sorte de poussière grise.

Feuilles des pousses d'été grandes, ovales-élargies à leur base et s'atténuant très-sensiblement pour se terminer en une pointe longue, un peu creusées en gouttière, tantôt très-irrégulièrement bordées de dents larges, peu profondes et obtuses, tantôt entières, assez bien soutenues sur des pétioles courts, très-forts, colorés de rouge et presque horizontaux.

Stipules de moyenne longueur, linéaires.

Feuilles stipulaires se présentant quelquefois.

Boutons à fruit gros, conico-ovoïdes, à pointe courte ; écailles d'un marron rougeâtre bien foncé.

Fleurs petites ; pétales ovales-élargis, veinés de rose avant et après l'épanouissement ; pédicelles extraordinairement courts, grêles et cotonneux.

Feuilles des productions fruitières un peu plus grandes que celles des pousses d'été et de la même forme, presque planes, le plus souvent entières ou très-peu profondément dentées, bien soutenues sur des pétioles courts, forts, roides et dressés.

Caractère saillant de l'arbre : teinte générale du feuillage d'un vert terne ; tous les pétioles forts et courts.

Fruit moyen, piriforme-ventru, uni dans son contour, atteignant sa plus grande épaisseur peu au-dessous du milieu de sa hauteur ; au-dessus de ce point, s'atténuant par une courbe d'abord convexe puis légèrement concave en une pointe courte, assez épaisse et obtuse ; au-dessous du même point, s'atténuant brusquement par une courbe peu convexe pour diminuer sensiblement d'épaisseur vers la cavité de l'œil.

Peau épaisse, ferme, d'abord d'un vert gai semé de points d'un gris brun et régulièrement espacés. Sur sa surface se dispersent souvent des traits d'une rouille qui forme sur le sommet du fruit une couche épaisse un peu rude au toucher et de couleur canelle. A la maturité, **commencement d'août,** le vert fondamental passe au vert jaunâtre et sur les fruits bien exposés le côté du soleil se lave d'un rouge sanguin un peu terreux.

Œil petit, demi-ouvert, à divisions très-courtes, placé dans une cavité régulière, étroite, peu profonde, finement plissée dans ses parois et dont les bords unis permettent au fruit de se tenir solidement debout.

Queue très-courte, très-forte, charnue, attachée dans un pli formé par la pointe du fruit.

Chair bien blanche, demi-fine, un peu creuse, laissant du marc dans la bouche, abondante en eau sucrée et assez agréablement rafraîchissante.

37   38

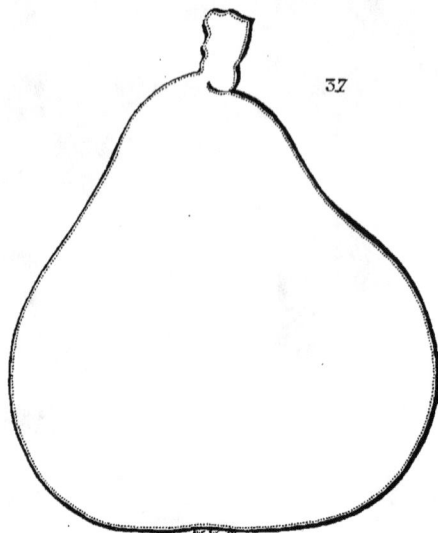

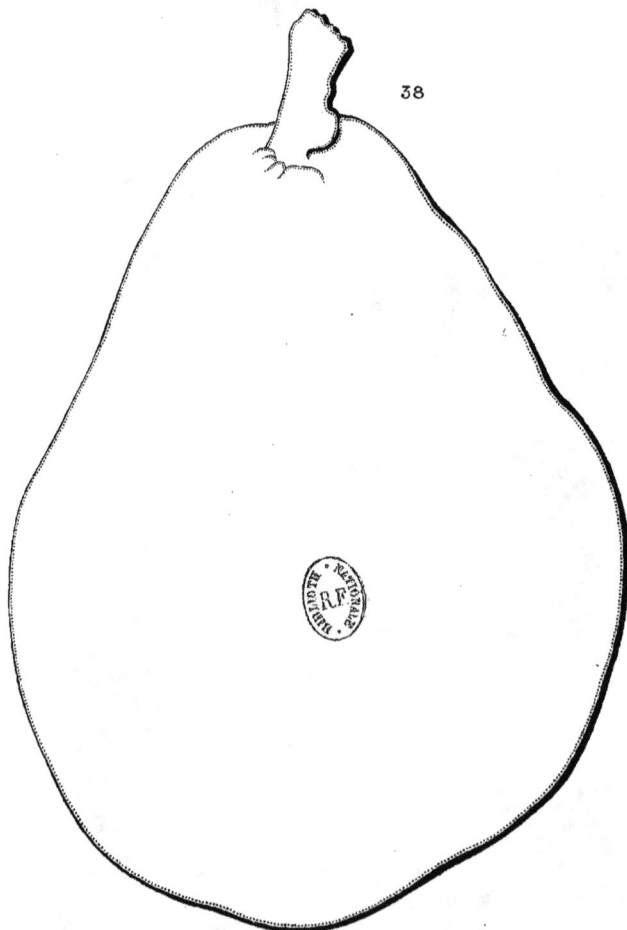

37, ROKEBY.   38, POIRE DU ROI EDOUARD.

Imp. A.Tournier à Lyon.

POIRE DU ROI EDOUARD

(KING EDWARDS)

(N° 38)

The fruit Manual. ROBERT HOGG.
The Fruits and the fruit-trees of America. DOWNING.
The American fruit Culturist. THOMAS.
Dictionnaire de pomologie. ANDRÉ LEROY.
KŒNIG EDUARD. Illustrirtes Handbuch der Obstkunde. OBERDIECK.

OBSERVATIONS.— Cette variété d'origine anglaise porte aussi, d'après Robert Hogg, le nom de *Jackman's melting* : Ce Jackman serait-il son obtenteur? Son fruit est souvent énorme, peut-être le plus gros entre ceux de son espèce, et quoique sa qualité comme Poire à couteau soit le plus souvent très-médiocre, il mérite réellement, pour son volume extraordinaire, de faire partie de la collection d'amateur. Du reste après avoir fait l'étonnement des convives au dessert, il peut être consommé en compôtes bien meilleures que celles qu'on obtient ordinairement de la Belle-Angevine, du Catillac et autres le plus ordinairement employés à cet usage. — L'arbre est robuste, mais il est peu prodigue de ses produits, et sa séve semble complétement absorbée par la formation d'un petit nombre de fruits dont la totalité du poids représente, il est vrai, celle d'une récolte ordinaire de certaines variétés qui passent pour assez fertiles.

DESCRIPTION.

Rameaux forts, courts et épaissis à leur sommet, très-obscurément anguleux dans leur contour, coudés à leurs entre-nœuds, d'un brun rougeâtre sombre et terne ; lenticelles grisâtres, assez peu nombreuses et peu apparentes.

Boutons à bois gros, coniques, courts et très-épais, émoussés, à direction bien écartée du rameau, soutenus sur des supports nuls dont les côtés et l'arête médiane se prolongent très-peu distinctement ; écailles d'un rouge feu et bordées de gris.

Pousses d'été d'un vert olivâtre mélangé de brun à leur base, d'un vert plus clair à leur sommet couvert d'un duvet très-fin, très-court et cotonnenx.

Feuilles des pousses d'été petites, très-épaisses, à peu près elliptiques, se terminant un peu brusquement en une pointe assez longue, bien creusées en gouttière et non arquées, largement crénelées plutôt que dentées, bien soutenues sur des pétioles de moyenne longueur, forts et peu redressés.

Stipules longues, en alênes finement aiguës, courbées et très-caduques.

Feuilles stipulaires manquant presque toujours.

Boutons à fruit très-gros, conico-sphériques, à pointe très-courte et émoussée ; écailles d'un rouge feu teinté de fauve et ombré de gris.

Fleurs grandes ; pétales bien élargis, se recouvrant entre eux, ondulés dans leur contour et découpés par leurs bords, d'un rose tendre avant l'épanouissement ; divisions du calice de moyenne longueur, épaisses et recourbées en dessous ; pédicelles courts, très-forts et duveteux.

Feuilles des productions fruitières plus grandes que celles des pousses d'été et encore plus épaisses, elliptiques-élargies ou elliptiques-arrondies, se terminant subitement en une pointe très-courte ou quelquefois nulle, peu largement et peu profondément crénelées ou obscurément dentées, concaves, bien soutenues sur des pétioles très-courts et très-forts.

Caractère saillant de l'arbre : toutes les feuilles très-épaisses et d'un vert foncé ; rameaux extraordinairement forts.

Fruit très-gros, quelquefois énorme, conique-piriforme, souvent irrégulier dans son contour, atteignant sa plus grande épaisseur bien près de sa base ; au-dessus de ce point, s'atténuant par une courbe d'abord un peu convexe puis largement concave en une pointe longue, tantôt aiguë, tantôt obtuse ; au-dessous du même point, s'atténuant brusquement par une courbe peu convexe pour diminuer sensiblement d'épaisseur autour de la cavité de l'œil.

Peau très-épaisse et ferme, d'abord d'un vert bleu semé de points bruns, très-larges, irrégulièrement espacés et très-apparents. Souvent des taches d'nne rouille épaisse et de même couleur viennent se confondre avec ces points et se condensent sur certaines parties et surtout sur la base du fruit. Une tache plus fine, uniforme, couvre son sommet. A la maturité, **septembre, octobre,** le vert fondamental passe au jaune citron, souvent encore un peu teinté de vert, et le côté du soleil est chaudement doré ou lavé de rouge orangé.

Œil grand, ouvert ou souvent demi-fermé, placé presque à fleur de la base du fruit dans une dépression peu prononcée, traversée dans ses parois par des plis divergents, rayonnant de la base de chacune des divisions du calice.

Queue courte, très-forte, charnue, semblant former la continuation de la pointe du fruit.

Chair d'un blanc un peu verdâtre sous la peau, demi-fine, suffisante en eau peu sucrée et cependant assez agréablement relevée, mais souvent trop acide.

DE NAPLES

(Nº 39)

Traité des arbres fruitiers. DUHAMEL.
Dictionnaire de pomologie. ANDRÉ LEROY.
NAPLES. *A Guide to the orchard.* LINDLEY,
Handbuch über die Obstbaumzucht. CHRIST.
HARTE NEAPOLITANERIN. *Versuch einer systematischen Beschreibung.* DIEL.

OBSERVATIONS. — Le nom de cette ancienne variété indique peut-être son origine. Diel, dans sa **21me** livraison, page **215**, du *Versuch einer systematischen Beschreibung der Kernobstsorten*, donne la description d'une autre Poire de Naples à laquelle il donne le nom de *Wahre Neapolitanerin* qui est différente de celle ici représentée et que nous soupçonnons être la même que notre Bergamotte Double-Fleur que nous avons reçue d'Allemagne sous le nom de *Vraie Napolitaine*. La végétation de cette variété est bonne aussi bien sur cognassier que sur franc. Elle est sujette à des alternats complets et cependant mérite d'attirer l'attention de l'amateur par la longue et facile conservation de son fruit qui a les plus grands rapports de ressemblance avec la Suzette de Bavay qu'il n'égale pas toutefois en qualité.

DESCRIPTION.

Rameaux de moyenne force, un peu anguleux dans leur contour, à entre-nœuds inégaux entre eux, un peu flexueux, d'un brun parfois un peu verdâtre ; lenticelles d'un blanc jaunâtre, peu larges, tantôt un peu allongées, tantôt arrondies, un peu saillantes, nombreuses et apparentes.

Boutons à bois petits, coniques, aigus, à direction souvent bien écartée du rameau, soutenus sur des supports bien saillants dont l'arête médiane se prolonge seule et assez distinctement ; écailles d'un marron peu foncé largement maculé de gris blanchâtre.

Pousses d'été allongées, d'un vert jaunâtre un peu clair et cotonneuses à leur sommet.

Feuilles des pousses d'été bien petites, allongées, bien étroites, se terminant régulièrement en une pointe bien aiguë et recourbée, convexes et ondulées dans leur contour, entières par leurs bords, soutenues horizontalement sur des pétioles assez longs, bien grêles et redressés.

Stipules longues, linéaires, très-étroites, presque filiformes.

Feuilles stipulaires grandes et ne manquant presque jamais.

Boutons à fruit assez gros, ovoïdes, un peu aigus ; écailles d'un marron clair maculé de gris.

Fleurs petites ; pétales bien arrondis, souvent un peu échancrés à leur sommet, roses avant l'épanouissement ; divisions du calice courtes et un peu recourbées en dessous ; pédicelles de moyenne longueur, grêles, duveteux et flexibles.

Feuilles des productions fruitières bien plus grandes, plus allongées que celles des pousses d'été et se terminant en une pointe plus courte, contournées, bordées de dents imperceptibles, assez bien soutenues sur des pétioles très-longs, de moyenne force et assez fermes.

Caractère saillant de l'arbre : teinte générale du feuillage d'un vert clair et jaunâtre ; toutes les feuilles ondulées ou contournées.

Fruit petit ou à peine moyen, turbiné ou turbiné-piriforme, tantôt uni, tantôt un peu déformé dans son contour, atteignant sa plus grande épaisseur, tantôt un peu au-dessous, tantôt à peu près au milieu de sa hauteur ; au-dessus de ce point, s'atténuant par une courbe bien convexe, puis brusquement concave en une pointe plus ou moins courte, peu épaisse et tronquée ; au-dessous du même point, s'arrondissant par une courbe bien convexe pour s'aplatir ensuite, sur une très-petite surface, autour de la cavité de l'œil.

Peau mince et cependant un peu ferme, d'abord d'un vert très-clair, un peu blanchâtre, semé de points bruns, arrondis, nombreux, régulièrement espacés et un peu apparents. On remarque quelques traces d'une rouille fine dans la cavité de l'œil. A la maturité, **fin d'hiver et printemps,** le vert fondamental passe au jaune citron brillant et le côté du soleil est lavé d'un rouge brun qui passe au vermillon ou au rouge orangé dans les années chaudes.

Œil petit, ouvert, à divisions remarquablement courtes, placé dans une cavité très peu profonde, évasée et souvent un peu plissée dans ses parois.

Queue courte, peu forte, un peu épaissie à son point d'attache au rameau, bien ligneuse, un peu courbée, attachée dans une petite cavité dont les bords sont parfois irréguliers.

Chair blanche, jaune sous la peau et vers le cœur qui est entouré de quelques concrétions pierreuses, assez fine, demi-fondante, abondante en eau douce, sucrée, délicatement parfumée.

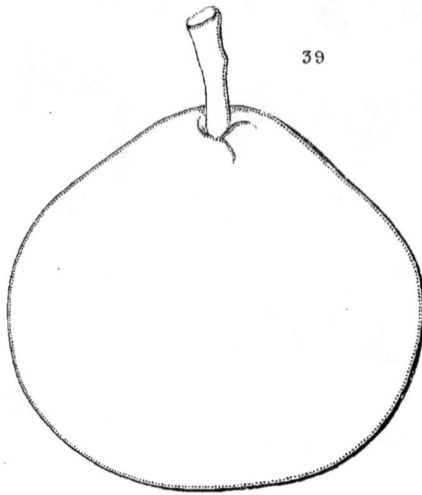

39

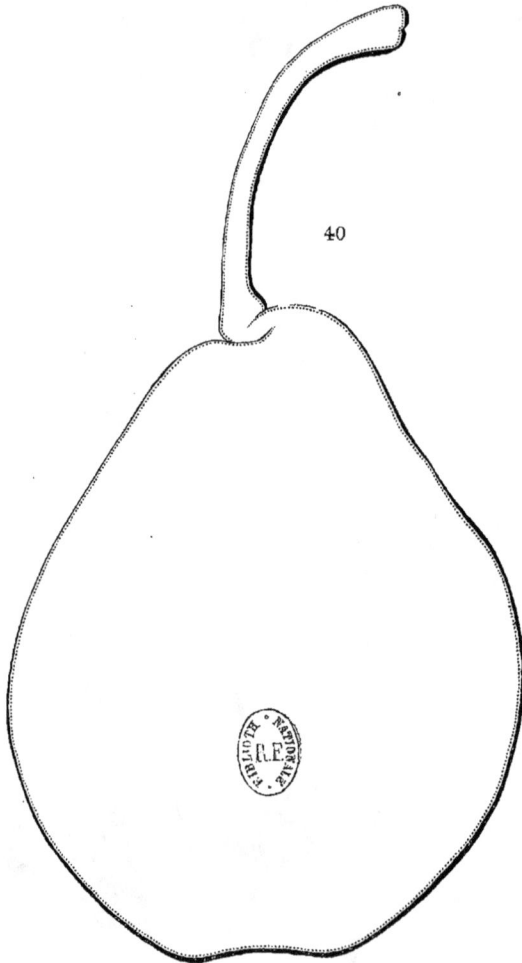

40

39. DE NAPLES.   40, ANANAS DE COURTRAY

on Del   Imp,A,Tournier à Lyon.

ANANAS DE COURTRAY

(No 40)

Bulletin de la Société Van Mons. 1854.
Annales de pomologie belge. Bivort.
The Fruits and the fruit-trees of America. Downing.
Dictionnaire de pomologie. André Leroy.
ANANASBIRNE VON COURTRAY. Illustrirtes Handbuch der Obstkunde. Oberdieck·

OBSERVATIONS. — Cette variété serait-elle d'origine belge ? M. Bivort dit qu'elle est cultivée depuis très-longtemps aux environs de Courtray et qu'elle fut communiquée, en août 1853, à la commission royale de pomologie belge par M. Reynaert-Beernaert. Depuis cette époque, elle s'est répandue dans le commerce où elle continue à être appréciée. Si elle a été tenue en suspicion de mérite par quelques pomologistes, c'est que probablement ils n'ont pas su cueillir son fruit au véritable point. L'Ananas de Courtray, mûrie sur l'arbre ou détachée lorsqu'elle commence à changer de couleur, est d'une chair creuse, sans suc et sans parfum ; cueillie au contraire lorsque la peau est encore bien verte, au moins quinze jours à trois semaines avant d'être propre à la consommation, sa chair est moëlleuse, des plus fondante, abondante en eau douce et délicatement parfumée. — L'arbre est d'une vigueur normale, peu délicat sur le sol et le climat. Soumis à la taille, il réclame quelques soins pour se maintenir sous une forme régulière et s'accommode bien de l'appui à un treillage sur lequel ses fruits d'un beau volume et mieux éclairés arrivent à toute leur perfection. Du reste, ils se maintiennent gros même sur haute tige, et suspendus à des rameaux flexibles ils redoutent moins les secousses du vent.

DESCRIPTION.

Rameaux fluets, un peu anguleux dans leur contour, à peine flexueux, à entre-nœuds longs, d'un vert jaunâtre ; lenticelles blanchâtres, petites, souvent un peu allongées, assez nombreuses et peu apparentes.

Boutons à bois moyens, coniques, épais et cependant bien aigus, à direction écartée du rameau, soutenus sur des supports peu saillants dont l'arête médiane se prolonge seule et distinctement ; écailles d'un marron rougeâtre et foncé.

Pousses d'été grêles, d'un vert pâle, bien colorées de rouge et duveteuses sur une assez longue étendue à leur sommet.

Feuilles des pousses d'été petites, ovales, se terminant peu brusquement en une pointe un peu longue et finement aiguë, creusées en gouttière et à peine arquées, bordées de dents larges, un peu profondes et bien obtuses, bien dressées sur des pétioles un peu longs, bien grêles et cependant fermes et bien redressés.

Stipules très-courtes, en alênes très-fines.

Feuilles stipulaires manquant ordinairement.

Boutons à fruit moyens, conico-ovoïdes, peu aigus ; écailles d'un marron foncé.

Fleurs grandes ; pétales ovales, écartés entre eux, concaves ; divisions du calice de moyenne longueur et recourbées en dessous ; pédicelles longs, un peu forts et un peu duveteux.

Feuilles des productions fruitières moyennes, ovales un peu élargies, comme échancrées vers le pétiole, se terminant peu brusquement en une pointe courte et bien aiguë, bien creusées en gouttière et non arquées, bordées de dents écartées, très-peu profondes et émoussées, assez mal soutenues sur des pétioles longs, grêles, divergents et un peu flexibles.

Caractère saillant de l'arbre : teinte générale du feuillage d'un vert peu foncé et brillant ; feuilles des pousses d'été remarquablement fermes sur leur pétioles ; toutes les feuilles creusées en gouttière : tous les pétioles grêles.

Fruit gros, piriforme-ventru, souvent un peu irrégulier dans son contour, atteignant sa plus grande épaisseur bien au-dessous du milieu de sa hauteur ; au-dessus de ce point, s'atténuant par une courbe d'abord peu convexe puis concave en une pointe plus ou moins longue, épaisse et bien obtuse ou parfois un peu tronquée à son sommet ; au-dessous du même point, s'atténuant par une courbe largement convexe pour diminuer un peu sensiblement d'épaisseur vers la cavité de l'œil.

Peau un peu ferme, bien unie, d'abord d'un vert clair semé de points d'un vert plus foncé, nombreux et peu distincts. Rarement on remarque des traces de rouille sur sa surface, si ce n'est assez souvent dans la cavité de l'œil. A la maturité, **commencement et milieu d'août**, le vert fondamental passe au jaune verdâtre et le côté du soleil, sur les fruits les mieux exposés, est à peine lavé d'un soupçon de rouge.

OEil grand, fermé ou demi-fermé, à divisions finement aiguës, placé dans une cavité étroite, très-peu profonde, plissée dans ses parois et par ses bords, sans que ces plis se prolongent d'une manière bien apparente sur la base du fruit.

Queue longue, remarquablement épaissie à son point d'attache au rameau, un peu forte, ligneuse, courbée, attachée dans un pli charnu et circulaire formé par la pointe du fruit.

Chair bien blanche, assez fine, fondante, abondante en eau douce, bien sucrée, relevée d'un parfum particulier assez difficile à qualifier, constituant un fruit de bonne qualité.

CADET DE VAUX

(N° 41)

Catalogue. VAN MONS. 1823.
Handbuch aller bekannten Obstsorten. BIEDENFELD.
The Fruits and the fruit-trees of America. DOWNING.
Jardin fruitier du Muséum. DECAISNE.
Dictionnaire de pomologie. ANDRÉ LEROY.

OBSERVATIONS. — Cette variété, comme l'annonce Van Mons dans son catalogue, fut obtenue par lui et dédiée à M. Cadet de Vaux, auteur de plusieurs écrits intéressant l'arboriculture fruitière et entre autres d'un petit opuscule sur le système de conduite des arbres qui consistait à arquer toutes leurs branches de charpente. — L'arbre est d'une bonne végétation sur cognassier, d'un rapport précoce et des plus riche sur ce sujet. Il peut aussi convenir au verger, ses fruits sont solides de longue et facile conservation. Pris à leur dernier degré de maturité, ils peuvent être consommés crûs et sont toujours très-propres aux usages du ménage.

DESCRIPTION.

Rameaux de moyenne force, presque unis dans leur contour, droits, à entre-nœuds inégaux entre eux, d'un jaune clair à l'ombre, à peine teintés de rouge du côté du soleil ; lenticelles blanches, très-petites, arrondies, rares et peu apparentes.

Boutons à bois petits, coniques, aigus, à direction très-rapprochée du rameau, soutenus sur des supports peu saillants dont l'arête médiane se prolonge seule et peu distinctement ; écailles d'un marron rougeâtre bordé de gris argenté.

Pousses d'été d'un vert jaune à leur base, colorées de rouge vineux et un peu duveteuses à leur sommet.

Feuilles des pousses d'été ovales-elliptiques, se terminant en une pointe assez longue, repliées sur leur nervure médiane, bordées de dents larges, inégales entre elles et quelquefois aiguës, mal soutenues sur des pétioles de moyenne longueur, assez forts et flexibles.

Stipules longues, linéaires-étroites, dentées.

Feuilles stipulaires très-fréquentes.

Boutons à fruit moyens, coniques, bien allongés et aigus ; écailles d'un marron peu foncé et brillant.

Fleurs assez grandes ; pétales ovales-allongés, veinés de rose au moment de l'épanouissement, bien concaves ; pédicelles courts et un peu duveteux.

Feuilles des productions fruitières bien allongées, sensiblement atténuées à leur base, se terminant régulièrement en une pointe assez longue, presque planes, presque entières ou bordées de dents très-peu profondes, retombant mollement sur des pétioles de moyenne longueur et très-souples.

Caractère saillant de l'arbre : teinte générale du feuillage d'un vert gai ; toutes les feuilles plus ou moins allongées et mal soutenues sur leurs pétioles.

Fruit moyen, conique, souvent irrégulier dans sa forme, ordinairement plus développé d'un côté que de l'autre et courbé sur sa hauteur, atteignant sa plus grande épaisseur bien au-dessous du milieu de sa hauteur ; au-dessus de ce point, s'atténuant par une courbe tantôt à peine convexe, tantôt à peine concave, en une pointe un peu longue, obtuse ou aiguë ; au-dessous du même point, s'arrondissant brusquement par une courbe bien convexe pour ensuite s'aplatir largement autour de la cavité de l'œil.

Peau assez mince et cependant ferme, d'abord d'un vert clair et mat semé de points d'un gris noir, très-petits, nombreux et très-peu apparents. Une tache d'une rouille sombre couvre souvent le sommet du fruit. A la maturité, **printemps ,** le vert fondamental passe au jaune orange doré ou légèrement lavé de rouge rosat du côté du soleil.

Œil grand, ouvert, à divisions très-longues, étroites et étalées, placé dans une cavité étroite, peu profonde et régulière par ses bords.

Queue forte, charnue, attachée obliquement à la pointe du fruit dont elle semble former exactement la continuation.

Chair d'un blanc jaunâtre, plus jaune sous la peau, fine, cassante ou demi-fondante à l'extrême maturité, suffisante en eau douce, sucrée, mais sans parfum appréciable.

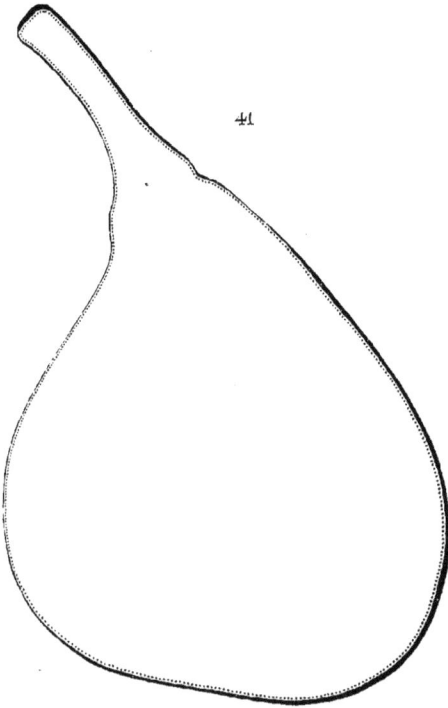

41

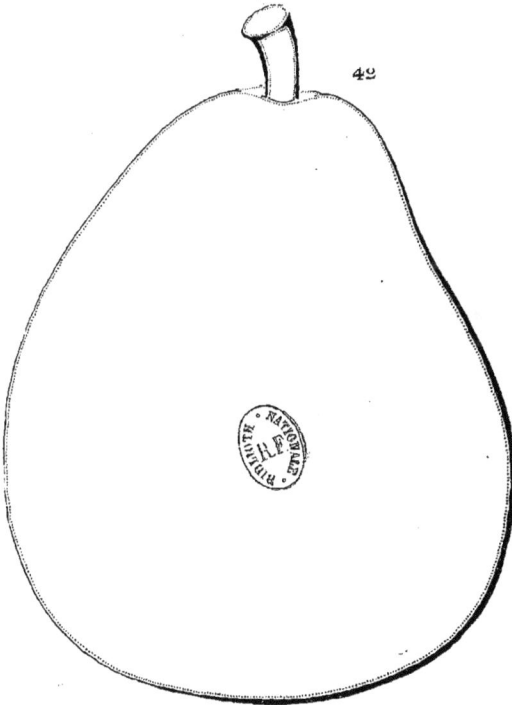

42

41, CADET DE VAUX   42, PROFESSEUR HENNAU.

Imp.A.Tournier a Lyon

Peideon Del.

PROFESSEUR HENNAU

(N° 42)

Annales de pomologie belge, BIVORT.
Dictionnaire de pomologie. ANDRÉ LEROY.
The Fruits and the fruit-trees of America. DOWNING.

OBSERVATIONS. — M. Grégoire, de Jodoigne, est l'obtenteur de cette variété qu'il dédia à M. Hennau, professeur de l'Université de Liége. — L'arbre est d'une vigueur très-contenue sur cognassier et ne peut suffire qu'à former de petites pyramides dont le rapport est très-précoce et dont la fertilité doit être ménagée, si l'on ne veut les voir s'épuiser bientôt. Son fruit est bon, mais sa saveur n'est pas assez distinguée pour qu'il puisse toujours être considéré comme de première qualité.

DESCRIPTION.

Rameaux forts, peu allongés, obscurément anguleux dans leur contour, bien flexueux, à entre-nœuds courts, teints de rougeâtre et ombrés de gris; lenticelles blanchâtres, larges, nombreuses et apparentes.

Boutons à bois moyens, coniques, aigus, appliqués au rameau, soutenus par des supports un peu saillants dont l'arête médiane se prolonge un peu distinctement; écailles d'un marron noirâtre.

Pousses d'été d'un vert très-clair, non colorées de rouge à leur sommet et couvertes sur une grande partie de leur longueur d'un duvet blanc et un peu cotonneux.

Feuilles des pousses d'été petites, ovales, plus ou moins allongées, souvent sensiblement atténuées vers le pétiole et s'atténuant assez promptement pour se terminer presque régulièrement en une pointe longue et recourbée en dessous, bien creusées en gouttière et bien arquées, bordées de dents peu profondes et obtuses, bien soutenues sur des pétioles courts, de moyenne force, bien redressés et presque appliqués à la pousse.

Stipules en alênes de moyenne longueur.

Feuilles stipulaires manquant presque toujours.

Boutons à fruit moyens, presque coniques, aigus ; écailles d'un marron presque noir.

Fleurs moyennes ; pétales obovales, un peu concaves, veinés de rose vif avant l'épanouissement ; divisions du calice courtes et recourbées en dessous ; pédicelles extraordinairement courts et grêles.

Feuilles des productions fruitières petites, exactement ovales, se terminant presque régulièrement en une pointe très-courte ou presque nulle, peu repliées sur leur nervure médiane et bien arquées, régulièrement bordées de dents extraordinairement fines, peu profondes et un peu aiguës, se recourbant sur des pétioles bien courts, grêles et roides.

Caractère saillant de l'arbre : teinte générale du feuillage d'un vert intense ; toutes les feuilles petites; tous les pétioles courts.

Fruit moyen, sphérico-conique, ordinairement uni dans son contour, atteignant sa plus grande épaisseur, tantôt peu au-dessous du milieu de sa hauteur, tantôt près de sa base ; au-dessus de ce point, s'atténuant par une courbe plus ou moins convexe pour se terminer en une pointe plus ou moins courte, épaisse, obtuse ou tronquée à son sommet ; au-dessous du même point, s'arrondissant brusquement par une courbe peu convexe pour s'aplatir ensuite un peu autour de la cavité de l'œil.

Peau épaisse, ferme, d'abord d'un vert terne à peine perceptible sous la couche épaisse de rouille, un peu dure au toucher qui le recouvre presque entièrement. A la maturité, **fin d'octobre et commencement de novembre,** le vert fondamental passe au jaune orange, la rouille se dore chaudement et se teint, sur une grande étendue, d'un rouge de grenade sur lequel on remarque des points nombreux, larges, grisâtres et très-serrés.

Œil grand, presque ouvert, à divisions souvent caduques, placé dans une cavité peu profonde, évasée, très-légèrement plissée dans ses parois.

Queue courte, bien forte, charnue, insérée dans une cavité étroite et un peu profonde ou simplement dans un pli.

Chair blanche, demi-fine, demi-fondante, pierreuse vers le cœur, suffisante en eau richement sucrée, vineuse et relevée, mais souvent sujette à blettir trop promptement.

ROUSSELET BIVORT

(N° 43)

Annales de pomologie belge. BIVORT.
Belgique horticole.
The Fruits and the fruit-trees of America. DOWNING.
BIVORTS RUSSELET. *Illustrirtes Handbuch der Obstkunde.* OBERDIECK.

OBSERVATIONS. — D'après Bivort, cette variété aurait été obtenue d'un semis de pepins de la poire Simon Bouvier fait dans la pépinière de Geest-St-Remy, en 1840; et son premier rapport eut lieu en 1849. Sa fertilité, assez bonne, est un peu compromise sur franc et son fruit reste trop petit sur ce sujet, aussi le cognassier doit-il être préféré, si l'on veut la soumettre à la taille. Elle convient seulement aux grandes collections.

DESCRIPTION.

Rameaux assez forts, bien coudés à leurs entre-nœuds très-inégaux entre eux, un peu épaissis vers leur sommet et obscurément anguleux dans leur contour, d'un jaune rougeâtre ; lenticelles grisâtres, assez nombreuses, bien régulièrement espacées et assez peu apparentes.

Boutons à bois gros, coniques, allongés, maigres et aigus, à direction bien écartée du rameau, soutenus sur des supports assez peu saillants et dont les côtés se prolongent très-peu sensiblement ; écailles un peu entre ouvertes, les extérieures d'un marron rougeâtre, les intérieures d'un rouge orangé, et toutes largement maculées de gris argenté.

Pousses d'été d'un vert clair, colorées de rouge et duveteuses à leur sommet.

Feuilles des pousses d'été ovales-elliptiques ou arrondies, se terminant brusquement en une pointe courte et bien aiguë, creusées en gouttière et peu arquées, bordées de dents peu profondes et aiguës, bien soutenues sur des pétioles de moyenne longueur, bien grêles, tantôt horizontaux, tantôt redressés.

Stipules courtes, filiformes, très-caduques.

Feuilles stipulaires ne manquant presque jamais.

Boutons à fruit moyens, exactement coniques, bien allongés et aigus ; écailles de couleur acajou et largement maculées de gris blanchâtre.

Fleurs petites ; pétales ovales-arrondis, concaves, souvent tronqués à leur sommet ; divisions du calice assez longues, étroites, finement aiguës et recourbées en dessous ; pédicelles de moyenne longueur, grêles et peu duveteux.

Feuilles des productions fruitières plus grandes que celles des pousses d'été, ovales-elliptiques, peu allongées, se terminant presque régulièrement en une pointe assez longue et fine, repliées sur leur nervure médiane et non arquées, entières ou bordées de dents très-peu profondes, assez bien soutenues sur des pétioles un peu courts, grêles et cependant roides.

Caractère saillant de l'arbre : teinte générale du feuillage d'un vert clair et gai ; presque toutes les feuilles des productions fruitières régulièrement creusées en gouttière.

Fruit petit, piriforme-conique, ordinairement uni dans son contour, atteignant sa plus grande épaisseur bien au-dessous du milieu de sa hauteur ; au-dessus de ce point, s'atténuant par une courbe d'abord convexe, puis plus ou moins concave en une pointe un peu longue, peu épaisse et presque aiguë ; au-dessous du même point, s'arrondissant par une courbe bien convexe jusque dans la cavité de l'œil.

Peau très-fine, mince, d'abord d'un vert clair semé de points d'un gris fauve, très-petits, assez nombreux et très-peu visibles. Quelques traces d'une rouille fine, d'un brun clair, se dispersent souvent sur sa surface et se réunissent surtout sur le sommet du fruit et dans la cavité de l'œil. A la maturité, **octobre-novembre,** le vert fondamental passe au jaune paille clair, sur lequel les points sont un peu plus apparents, et qui devient un peu plus intense du côté du soleil.

Œil assez grand, presque ouvert, à divisions larges, fermes et souvent caduques, enfoncé dans une cavité étroite et peu profonde.

Queue assez courte, un peu forte, charnue, de la même couleur que la rouille qui l'entoure à sa base, semblant former la continuation de la pointe du fruit sur laquelle elle est repoussée un peu obliquement.

Chair d'un blanc jaunâtre, bien fine, entièrement fondante, suffisante en eau douce, sucrée, délicatement parfumée.

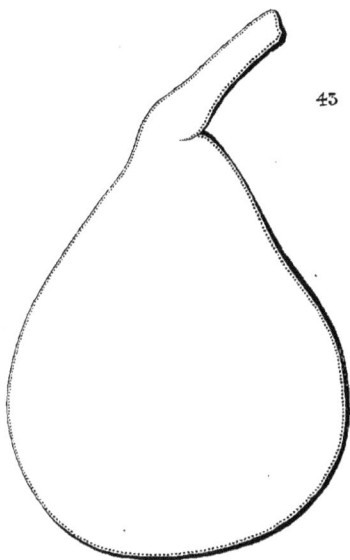

43

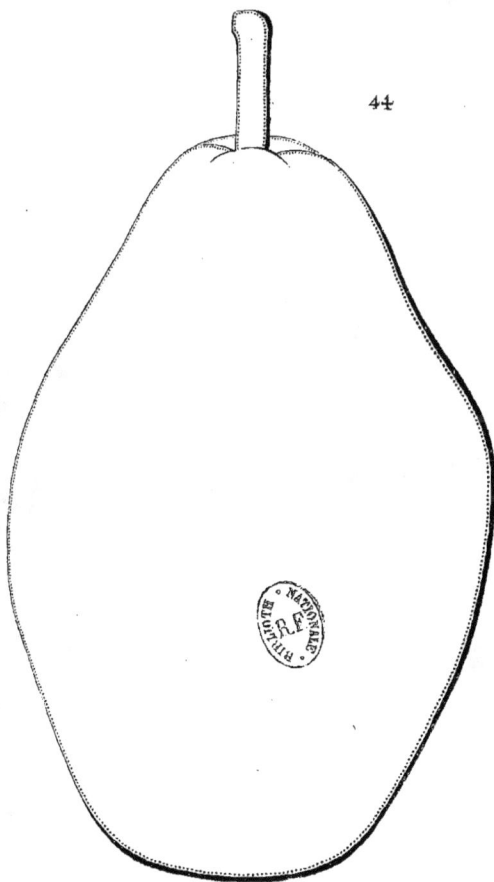

44

43, ROUSSELET BIVORT.   44, TONNEAU.

Imp.A.Fournier à Lyon

TONNEAU

(N° 44)

Traité des arbres fruitiers. Duhamel.
Catalogue des Chartreux.
Handbuch aller bekannten Obstsorten. Biedenfeld.
Pomologie de la Seine-Inférieure. Prévost.
Jardin fruitier du Muséum. Decaisne.
Dictionnaire de pomologie. André Leroy.
UVEDALE'S St-GERMAIN. *A Guide to the orchard.* Lindley.

OBSERVATIONS. — Lindley décrit, sous le nom de St-Germain d'Uvedale, la poire Tonneau ; Robert Hogg pense que le St-Germain d'Uvedale est synonyme de Belle Angevine et nous avons adopté son opinion, en donnant cette variété dans le *Verger*. Nous la croyons plus probable, car Miller qui, le premier, en Angleterre, donna la description du St-Germain d'Uvedale dans son *Dictionnaire des jardiniers*, l'appelle *fructus pyramidatus* (fruit pyramidal) ; tandis que Duhamel qui, le premier, en France, fit connaître la poire Tonneau, dit qu'elle est *dolioliforma* (en forme de tonneau). Comment deux fruits de formes si différentes pourraient-ils être considérés comme semblables ? M. André Leroy adopte l'opinion de Lindley et il ajoute que la poire Tonneau a été obtenue par le docteur Uvedale. Il appuie, dit-il, cette assertion sur les renseignements qu'il a trouvés dans le *Guide du verger (A Guide to the orchard)* de Lindley; or, je n'y lis que cette phrase de laquelle il est impossible de tirer la conclusion annoncée par M. André Leroy : « Le docteur Uvedale, dont cette poire porte le nom, fut un des plus éminents horticulteurs de son temps. Il vivait à Eltham en 1690, et posséda un jardin à Enfield en 1724, comme nous l'apprend la première édition du *Dictionnaire* de Miller de cette année. » — L'arbre est d'une bonne vigueur, aussi bien sur cognassier que sur franc, d'une fertilité précoce, grande et soutenue, mais son fruit n'a guère d'autre mérite que celui de son apparence.

DESCRIPTION.

Rameaux assez forts, souvent épaissis à leur sommet, anguleux dans leur contour, un peu flexueux, d'un brun jaunâtre voilé de gris ; lenticelles blanchâtres, peu larges, rares, largement espacées et un peu apparentes.

Boutons à bois gros, coniques-allongés, un peu aigus, à direction peu écartée du rameau vers lequel ils se recourbent par leur pointe, soutenus sur des supports peu saillants dont les côtés et l'arête se prolongent assez distinctement ; écailles intérieures d'un marron rougeâtre foncé ; écailles extérieures bordées de gris blanchâtre.

Pousses d'été d'un vert jaune et très-clair, un peu lavées de rouge à leur sommet et recouvertes d'un duvet blanc sur toute leur longueur.

Feuilles des pousses d'été moyennes, ovales-elliptiques, se terminant peu brusquement en une pointe large, peu repliées sur leur nervure médiane et peu arquées, bordées de dents larges et inégales entre elles ou plutôt irrégulièrement découpées dans leur contour, retombant sur des pétioles très-courts, assez forts et cependant souples.

Stipules de moyenne longueur, lancéolées, très-caduques.

Feuilles stipulaires manquant toujours.

Boutons à fruit gros, conico-ovoïdes, un peu allongés et aigus ; écailles extérieures d'un marron bien foncé ; écailles intérieures recouvertes d'un duvet fauve.

Fleurs assez grandes ; pétales ovales-arrondis, entièrement blancs avant l'épanouissement ; pédicelles de moyenne longueur et un peu cotonneux.

Feuilles des productions fruitières ovales, un peu élargies, se terminant un peu brusquement en une pointe large et cependant bien aiguë, repliées sur leur nervure médiane et non arquées, souvent ondulées dans leur contour et presque entières par leurs bords, assez bien soutenues sur des pétioles de moyenne longueur, de moyenne force et peu redressés.

Caractère saillant de l'arbre : teinte générale du feuillage d'un vert d'eau ; toutes les feuilles plus ou moins cotonneuses à leur page inférieure ; les feuilles les plus jeunes d'un vert presque jaune.

Fruit gros et dont le nom indique la forme, bien uni dans son contour, atteignant sa plus grande épaisseur, tantôt un peu au-dessus, tantôt au milieu ou parfois un peu au-dessous du milieu de sa hauteur ; au-dessus de ce point, s'atténuant par une courbe d'abord un peu convexe puis un peu concave en une pointe peu longue, un peu épaisse et tronquée à son sommet ; au-dessous même du point, s'atténuant bien par une courbe à peine convexe pour diminuer sensiblement d'épaisseur vers la cavité de l'œil.

Peau fine et mince, d'abord d'un beau vert semé de points gris noir, un peu cernés de vert plus foncé, très-petits, très-nombreux, serrés et saillants de manière à donner à la surface du fruit un aspect chagriné. A la maturité, **automne et commencement d'hiver,** le vert fondamental passe au jaune paille pâle et le côté du soleil est souvent lavé d'un rouge brun sombre sur lequel les points cernés de jaune sont plus apparents.

Œil moyen, presque ouvert, à divisions noirâtres, enfoncé dans une cavité étroite, un peu profonde, dont les bords sont réguliers et peu épais.

Queue assez courte, peu forte, ligneuse, un peu courbée, implantée dans une cavité profonde, un peu plissée dans ses parois et dont les bords offrent aussi peu d'épaisseur.

Chair blanche, grosse, grenue, un peu tendre, suffisante en eau douce et sucrée, mais sans parfum appréciable.

CASSOLETTE

(N° 45)

Pomologie. JEAN HERMANN KNOOP.
Traité des arbres fruitiers. DUHAMEL.
A Guide to the orchard. LINDLEY.
Dictionnaire de pomologie. ANDRÉ LEROY.
CASSOLET. *Versuch einer systematischen Beschreibung.* DIEL.
Systematisches Handbuch der Obstkunde. DITTRICH.
Illustrirtes Handbuch der Obstkunde. OBERDIECK.

OBSERVATIONS. — Cette variété, déjà ancienne, a conservé toutes les apparences de la jeunesse. — L'arbre est d'une bonne vigueur aussi bien sur cognassier que sur franc, et sa fertilité est grande. Sa véritable destination est la haute tige dans le verger de campagne. Son fruit petit, mais d'une consistance qui le fait résister au transport, peut être d'une vente facile à l'époque de sa maturité.

DESCRIPTION.

Rameaux assez forts, un peu épaissis à leur sommet souvent surmonté d'un bouton à fruit, presque unis dans leur contour, presque droits, à entre-nœuds courts, de couleur brune et un peu ombrés de gris du côté du soleil ; lenticelles blanchâtres, petites, irrégulièrement dispersées et assez peu apparentes.

Boutons à bois moyens, coniques, un peu maigres et un peu aigus, à direction un peu écartée du rameau, soutenus sur des supports bien saillants dont l'arête médiane se prolonge seule et à peine distinctement ; écailles d'un marron presque noir et largement bordé de gris.

Pousses d'été d'un vert clair, un peu duveteuses sur presque toute leur longueur.

Feuilles des pousses d'été moyennes, ovales-elliptiques et élargies, creusées en gouttière et arquées, recourbées par leur pointe bien aiguë, bordées de dents larges et peu profondes ou entières, assez bien soutenues sur des pétioles un peu longs, assez grêles et redressés.

Stipules longues et filiformes.

Feuilles stipulaires assez rares.

Boutons à fruit moyens, conico-ovoïdes, un peu allongés et un peu aigus; écailles d'un marron rougeâtre.

Fleurs très-petites ; pétales ovales, un peu concaves, bordés de rose avant l'épanouissement ; pédicelles grêles et très-courts.

Feuilles des productions fruitières ovales-elliptiques et allongées, entières ou presque entières, retombant sur des pétioles longs, grêles et flexibles.

Caractère saillant de l'arbre : feuillage bien étoffé et abondant.

Fruit petit, ovoïde-piriforme, ordinairement uni dans son contour, atteignant sa plus grande épaisseur peu au-dessous du milieu de sa hauteur ; au-dessus de ce point, s'atténuant par une courbe d'abord convexe, puis sensiblement concave en une pointe courte, épaisse et largement tronquée à son sommet; au-dessous du même point, s'arrondissant par une courbe largement convexe jusque dans la cavité de l'œil.

Peau épaisse et croquante, d'abord d'un vert pâle et mat semé de points d'un gris blanchâtre, cernés de vert plus foncé, assez larges et nombreux. A la maturité, **dernière quinzaine d'août,** le vert fondamental s'éclaircit un peu en jaune et le côté du soleil, sur les fruits bien exposés, se lave d'un peu de rouge terreux sur lequel se détachent bien des points presque blancs.

Œil assez grand, ouvert, à divisions cotonneuses, placé à fleur de la base du fruit ou dans une cavité si peu profonde qu'elle ne le contient pas entièrement.

Queue un peu courte, grêle, ligneuse, attachée le plus souvent perpendiculairement dans une cavité assez profonde et à peu près régulière par ses bords.

Chair un peu verdâtre, grossière, demi-beurrée, abondante en eau bien sucrée, rafraîchissante, mais peu relevée.

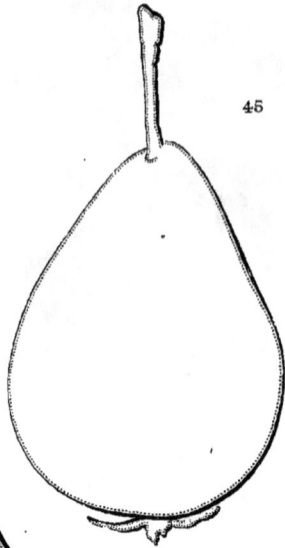

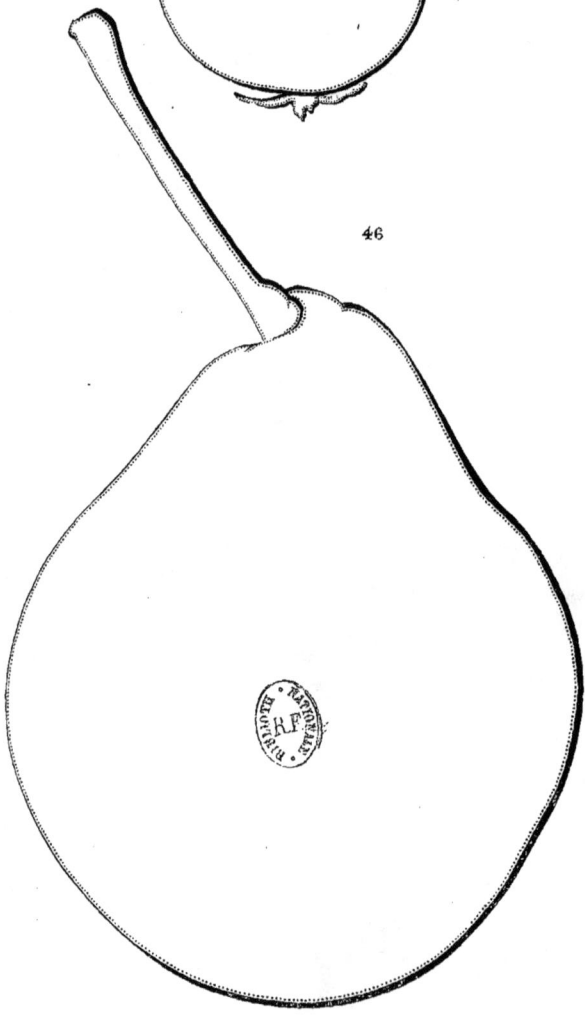

45, CASSOLETTE.   46, DE LIVRE.

(eon D⸺ ⸺⸺ ⸺ ⸺ ⸺ ⸺⸺ ⸺ ⸺⸺ ⸺⸺ ⸺or à Lyon

DE LIVRE

(N° 46)

Traité des arbres fruitiers. DUHAMEL.
Nouveau traité des arbres fruitiers. LOISELEUR-DESLONCHAMPS.
Traité complet sur les pépinières. CALVEL.
Jardin fruitier du Muséum. DECAISNE.
Dictionnaire de pomologie. ANDRÉ LEROY.
GRAND MONARQUE. *Pomologie.* JEAN HERMANN KNOOP.
BLACK PEAR OF WORCESTER. *A Guide to the orchard.* LINDLEY.
The fruit Manual. ROBERT HOGG.
The Fruits and the fruit-trees of America. DOWNING.
KŒNIGSGESCHENK VON NEAPEL. (Présent royal de Naples.) *Versuch einer systematischen Beschreibung.* DIEL.
Handbuch über die Obstbaumzucht. CHRIST.
Systematisches Handbuch der Obstkunde. DITTRICH.
Illustrirtes Handbuch der Obstkunde. JAHN.

OBSERVATIONS. — Cette variété, déjà mentionnée par Merlet, est d'origine ancienne et inconnue. M. André Leroy, en décrivant le Beau Présent d'Artois, lui a attribué le synonyme de Présent-Royal de Naples ; je ne sais si les Allemands possèdent un autre fruit sous ce nom, mais je puis affirmer que le Présent-Royal de Naples que j'ai reçu des pépinières allemandes n'est autre que la Poire de Livre ; et, du reste, les descriptions des auteurs allemands cités plus haut se rapportent aussi entièrement à la même variété. — L'arbre est d'une végétation assez insuffisante sur cognassier. Plus vigoureux sur franc, il se recommande cependant assez peu aux arboriculteurs. Il est d'une fertilité interrompue par des alternats fréquents et son fruit n'a vraiment d'autre mérite que celui de son gros volume.

DESCRIPTION.

Rameaux forts, un peu anguleux surtout à leur sommet, bien coudés à leurs entre-nœuds de moyenne longueur, d'un brun jaunâtre et longtemps couverts à leur partie supérieure d'un duvet gris blanchâtre ; lenticelles jaunâtres, larges, assez nombreuses, irrégulièrement espacées et bien apparentes.

Boutons à bois assez gros, très-courts, épatés, obtus, à direction écartée du rameau, soutenus sur des supports peu saillants dont l'arête médiane se prolonge un peu distinctement ; écailles d'un marron noirâtre terne et bordé de gris blanchâtre.

Pousses d'été d'un vert décidé, bien recouvertes d'un duvet gris blanchâtre et épais.

Feuilles des pousses d'été grandes, obovales bien élargies, bien atténuées du côté du pétiole, se terminant un peu brusquement en une pointe courte et élargie, peu repliées sur leur nervure médiane, irrégulièrement découpées plutôt que dentées par leurs bords, soutenues horizontalement sur des pétioles longs, bien forts et un peu redressés.

Stipules très-caduques.

Feuilles stipulaires manquant toujours.

Boutons à fruit assez gros, conico-ovoïdes, un peu obtus ; écailles d'un beau marron rougeâtre.

Fleurs moyennes ; pétales ovales-étroits, sensiblement atténués à leur sommet, peu concaves, à onglet long, bien écartés entre eux ; divisions du calice longues, larges, un peu aiguës, épaisses et peu recourbées en dessous ; pédicelles courts, forts et laineux.

Feuilles des productions fruitières plus grandes que celles des pousses d'été, ovales élargies, se terminant brusquement en une pointe très-courte et bien aiguë, presque planes ou à peine concaves, irrégulièrement et très-peu profondément dentées par leurs bords, bien soutenues sur des pétioles courts, forts et bien redressés.

Caractère saillant de l'arbre : teinte générale du feuillage d'un vert d'eau peu foncé et brillant ; feuilles des pousses d'été bien épaisses ; rameaux longtemps duveteux à leur partie supérieure.

Fruit gros ou très-gros, inconstant dans sa forme, tantôt ovoïde-piriforme, tantôt turbiné-piriforme et court, toujours épais et bien ventru, ordinairement uni dans son contour, atteignant sa plus grande épaisseur plus ou moins au-dessous de sa hauteur ; au-dessus de ce point, s'atténuant par une courbe largement convexe, puis un peu concave en une pointe peu longue et plus ou moins obtuse ou souvent tronquée obliquement à son sommet ; au-dessous du même point, s'atténuant par une courbe plus convexe pour diminuer plus ou moins sensiblement d'épaisseur vers la cavité de l'œil.

Peau assez mince et tendre, d'abord d'un vert d'eau semé de points bruns, larges, nombreux et irrégulièrement espacés, souvent confondus sous un réseau d'une rouille épaisse, de couleur earmélite, un peu rude au toucher, qui se condense surtout sur le sommet et sur la base du fruit et sur laquelle les points sont burinés en creux. A la maturité, **commencement et courant d'hiver,** le vert fondamental passe au jaune paille terne, la rouille se dore, se condense du côté du soleil où parfois elle se couvre d'un rouge cuivré.

Œil moyen, ouvert ou demi-ouvert, à divisions longues et étroites, un peu fermes, quelquefois caduques, placé dans une cavité assez profonde et largement évasée dont les bords sont ordinairement assez réguliers pour que le fruit puisse se tenir debout.

Queue assez courte ou un peu longue, forte, ligneuse, d'un brun moucheté de blanc, un peu courbée et attachée un peu obliquement à une gibbosité qui termine le fruit et qui est parfois repoussée dans une cavité large et un peu profonde.

Chair blanche, un peu veinée de jaune, demi-fine, serrée, demi-cassante, peu abondante en eau sucrée, vineuse, relevée d'une âpreté qui relègue ce fruit parmi les Poires bonnes seulement pour les usages de la cuisine.

BEURRÉ DE BRIGNÉ

(N° 47)

DE NONNE ou BEURRÉ DE BRIGNAIS. *Album de Pomologie.* BIVORT.
The Fruits and the fruit-trees of America. DOWNING.
DES NONNES. *Dictionnaire de pomologie.* ANDRÉ LEROY.

OBSERVATIONS. — M. André Leroy, dans son *Dictionnaire de pomologie*, nous apprend que cette variété est un semis de hasard trouvé chez M. Marcadeux, tailleur d'arbres, commune de Brigné, près Saumur (Maine-et-Loire). Elle fut communiquée par lui à M. Toussaint-Chatenay, de Douéla-Fontaine, qui commença à la propager en 1832, sous le nom de Beurré de Brigné. — L'arbre est d'une végétation souvent insuffisante sur cognassier. Sa fertilité est très-précoce et très-grande. Son fruit est bon, mais il lui manque encore quelques degrés de qualité pour être proclamé excellent.

DESCRIPTION.

Rameaux peu forts, souvent terminés par un bouton à fruit, unis dans leur contour, d'un brun rougeâtre, à entre-nœuds courts; lenticelles grisâtres, petites et peu apparentes.

Boutons à bois moyens, coniques, un peu allongés et émoussés, à direction très-peu écartée du rameau, soutenus sur des supports très-peu saillants dont les côtés et l'arête médiane ne se prolongent pas ; écailles d'un marron rougeâtre très-foncé et bordé de grisâtre.

Pousses d'été jaunâtres à leur base, un peu teintées de rouge et peu duveteuses à leur sommet.

Feuilles des pousses d'été moyennes, ovales-elliptiques, s'atténuant lentement pour se terminer en une pointe extrêmement courte et bien aiguë, bien repliées sur leur nervure médiane et peu arquées, largement festonnées par leurs bords plutôt que crénelées, retombant sur des pétioles bien longs, peu forts et bien souples.

Stipules extrêmement courtes et filiformes.

Feuilles stipulaires rares.

Boutons à fruit moyens, conico-ovoïdes, aigus ; écailles d'un rouge foncé et bordé de gris blanchâtre.

Fleurs petites ; pétales ovales et sensiblement atténués à leur sommet, presque aigus, un peu écartés entre eux, peu concaves, recourbés en dessus, peu roses avant l'épanouissement ; divisions du calice courtes, finement aiguës et étalées ; pédicelles assez longs, grêles, un peu rougeâtres et un peu duveteux.

Feuilles des productions fruitières ovales un peu élargies, s'atténuant bien lentement pour se terminer en une pointe courte, très-peu repliées sur leur nervure médiane et arquées, presque entières ou irrégulièrement festonnées par leurs bords, se recourbant sur des pétioles bien longs, grêles et divergents.

Caractère saillant de l'arbre : teinte générale du feuillage d'un vert jaunâtre ; couleur jaunâtre des pousses d'été.

Fruit moyen, turbiné-sphérique, uni dans son contour, atteignant sa plus grande épaisseur peu au-dessous du milieu de sa hauteur ; au-dessus de ce point, s'atténuant brusquement par une courbe convexe en une pointe très-courte et largement obtuse ; au-dessous du même point, s'arrondissant par une courbe bien convexe pour ensuite s'aplatir un peu autour de la cavité de l'œil.

Peau un peu épaisse et ferme, d'abord d'un vert clair semé de points d'un gris noir, cernés de vert plus foncé, nombreux, régulièrement espacés et bien apparents. On ne remarque ordinairement pas de traces de rouille sur sa surface. A la maturité, **septembre,** le vert fondamental passe au jaune paille et le côté du soleil un peu doré se recouvre de points bruns, larges, arrondis et un peu rudes au toucher.

Œil bien petit, bien fermé, à divisions très-courtes, placé dans une très-petite cavité.

Queue longue, forte, ligneuse, d'un beau brun, un peu recourbée à son extrémité, attachée le plus souvent perpendiculairement sur une petite plate-forme un peu déprimée à son centre.

Chair bien blanche, demi-fine, laissant un peu de marc dans la bouche, abondante en eau bien sucrée et hautement parfumée de musc.

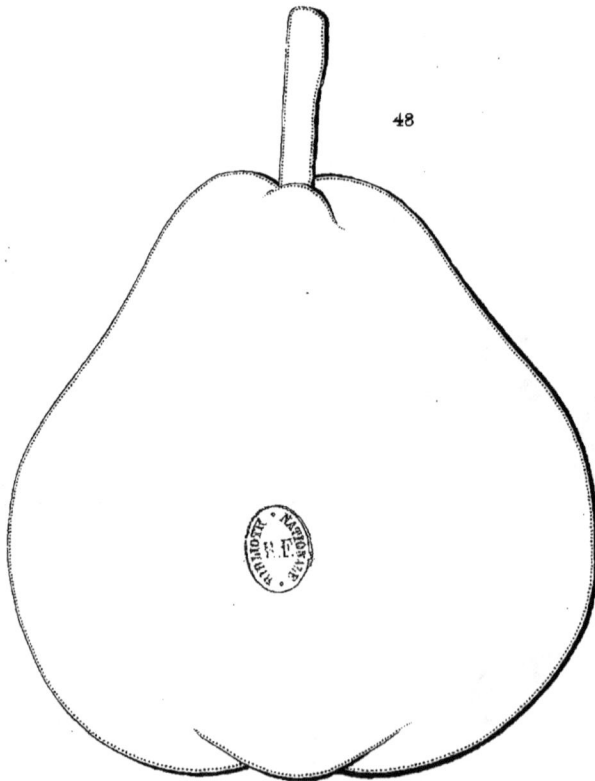

47, BEURRÉ DE BRIGNÉ.   48, HENRY IV.

Peing... D.lt   Imp.A.Tournier à Lyon

HENRI IV

(N° 48)

Catalogue. Van Mons. 1823.
Dictionnaire de pomologie. André Leroy.
HEINRICH DER IV. *Systsmatische Beschreibung.* Diel.
Systematisches Handbuch der Obstkunde. Dittrich.

OBSERVATIONS.— Van Mons, dans son catalogue de 1823, annonça le premier cette variété dont M. Witzumb était l'obtenteur. Diel en donna ensuite la description dans son *Systematische Beschreibung*, en 1826. Plus tard, Lindley, Robert Hogg et Downing ont confondu cette variété avec la poire Ananas d'été, et n'ont pas connu la véritable poire Henri IV, publiée par Diel. — L'arbre se comporte bien sur cognassier, s'accommode facilement de toutes formes sur ce sujet et se montre d'une fertilité assez grande et soutenue. Son fruit se recommande par son apparence et son beau volume.

DESCRIPTION.

Rameaux de moyenne force, obscurément anguleux dans leur contour, remarquablement droits, d'un jaune clair un peu teinté de rouge du côté du soleil ; lenticelles blanches, petites, un peu allongées, peu nombreuses et peu apparentes.

Boutons à bois très-petits, coniques, un peu courts et aigus, à direction peu écartée du rameau, soutenus sur des supports presque nuls dont l'arête médiane se prolonge seule et un peu distinctement ; écailles d'un marron clair bordé de gris argenté.

Pousses d'été d'un vert jaune, colorées de rouge et peu duveteuses à leur sommet.

Feuilles des pousses d'été moyennes, ovales-allongées ou ovales-elliptiques, se terminant presque régulièrement en une pointe peu longue, peu repliées sur leur nervure médiane et arquées, bordées de dents peu profondes et obtuses, assez peu soutenues sur des pétioles longs, peu forts et flexibles.

Stipules plus ou moins longues, linéaires-étroites.

Feuilles stipulaires manquant souvent.

Boutons à fruit moyens, conico-ovoïdes, allongés et finement aigus ; écailles d'un marron rougeâtre peu foncé et brillant.

Fleurs petites ; pétales elliptiques-arrondis, à onglet nul, peu écartés entre eux, concaves, presque blancs avant l'épanouissement ; divisions du calice courtes, un peu larges, brusquement atténuées en une très-petite pointe, un peu recourbées en dessous ; pédicelles courts, un peu forts et duveteux.

Feuilles des productions fruitières grandes, ovales-elliptiques, se terminant un peu brusquement en une pointe très-courte, peu repliées sur leur nervure médiane et arquées, bordées de dents larges, un peu profondes et obtuses, assez peu soutenues sur des pétioles longs, peu forts et un peu flexibles.

Caractère saillant de l'arbre : teinte générale du feuillage d'un vert clair et gai ; tous les pétioles longs et peu forts ; rameaux forts et à direction bien perpendiculaire.

Fruit gros ou assez gros, turbiné-sphérique et bien ventru, ordinairement bosselé dans son contour, atteignant sa plus grande épaisseur au-dessous du milieu de sa hauteur ; au-dessus de ce point, s'atténuant par une courbe d'abord bien convexe puis bien concave en une pointe plus ou moins longue, épaisse et largement obtuse ; au-dessous du même point, s'arrondissant par une courbe bien convexe pour s'aplatir ensuite autour de la cavité de l'œil.

Peau épaisse et ferme, d'abord d'un vert gai que l'on aperçoit à peine sous une couche d'une rouille fine, d'un brun clair qui recouvre entièrement sa surface et sur laquelle sont très-peu visibles des points d'un gris noir, très-petits et largement espacés. A la maturité, **septembre-octobre ,** le vert fondamental passe au jaune brillant, la rouille se dore et sur le côté du soleil elle prend un ton un peu plus sombre et un peu rougeâtre et les points plus foncés sont burinés en creux.

Œil moyen, presque fermé, à divisions courtes, fermes et souvent caduques, enfoncé dans une cavité profonde dont les bords évasés se divisent en côtes qui se prolongent sur la hauteur du fruit.

Queue courte, grêle, ligneuse, implantée le plus souvent perpendiculairement dans une cavité assez profonde, étroite et un peu irrégulière par ses bords.

Chair bien blanche, un peu grossière, demi-cassante, suffisante en eau richement sucrée, parfumée, agréable, mais sujette à blettir promptement.

POIRE TROMPETTE

(TROMPETENBIRNE)

(N° 49)

Versuch einer systematischen Beschreibung. DIEL.
Handbuch der Pomologie. HINKERT.
Handbuch aller bekannten Obstsorten. BIEDENFELD.
Anleitung. OBERDIECK.
Illustrirtes Handbuch der Obstkunde. OBERDIECK.

OBSERVATIONS. — Diel obtint cette variété de Schaumburg, principauté de Lippe, Westphalie. Est-elle originaire des environs de cette ville ? Elle paraît toutefois assez répandue dans plusieurs contrées de l'Allemagne, où elle est estimée pour sa grande production et la bonne qualité de son fruit pour les différents usages du ménage. Sa fertilité s'est montrée moins grande chez moi, où ses fruits, toujours nombreux, avortent à mesure qu'ils approchent de l'époque critique de la formation des pepins. Ce défaut peut dépendre de la nature du sol, et la vigueur et la rusticité de l'arbre l'indiquent comme propre à la grande culture.

DESCRIPTION.

Rameaux de moyenne force, souvent épaissis et surmontés d'un bouton à fruit à leur sommet, un peu anguleux dans leur contour, bien coudés à leurs entre-nœuds inégaux entre eux, d'un brun clair à peine teinté de rougeâtre du côté du soleil ; lenticelles jaunâtres, larges, plus ou moins allongées, un peu nombreuses et apparentes.

Boutons à bois petits, coniques, très-courts, épatés, obtus, à direction écartée du rameau, soutenus sur des supports renflés dont l'arête médiane se prolonge seule et d'une manière distincte ; écailles d'un marron terne et presque entièrement recouvertes de gris cendré.

Pousses d'été d'un rouge sanguin à leur base, d'un rouge sombre et terne à leur sommet, duveteuses sur la plus grande partie de leur longueur.

Feuilles des pousses d'été ovales-elliptiques et arrondies, se terminant un peu brusquement en une pointe très-courte, creusées en gouttière et très-peu arquées, bordées de dents fines, peu profondes et aiguës, soutenues horizontalement sur des pétioles courts, de moyenne force et un peu flexibles.

Stipules longues, linéaires, très-étroites.

Feuilles stipulaires fréquentes.

Boutons à fruit gros, conico-ovoïdes, courts et épais, se terminant promptement en une pointe courte ; écailles extérieures d'un marron clair bordé de marron violet ; écailles intérieures recouvertes d'un duvet fauve.

Fleurs assez grandes ; pétales ovales-élargis, peu concaves, souvent découpés et chiffonnés par leurs bords, un peu roses avant l'épanouissement ; divisions du calice courtes, bien réfléchies en dessous ; pédicelles très-longs, de moyenne force et duveteux.

Feuilles des productions fruitières bien plus allongées que celles des pousses d'été, souvent assez étroites, un peu repliées sur leur nervure médiane, bordées de dents très-fines, peu profondes et émoussées, mal soutenues sur des pétioles très-longs, très-grêles et divergents.

Caractère saillant de l'arbre : feuillage peu abondant ; pousses d'été bien colorées de rouge.

Fruit moyen, piriforme-conique, assez souvent irrégulier dans sa forme et un peu raboteux dans sa surface, atteignant sa plus grande épaisseur bien au-dessous du milieu de sa hauteur ; au-dessus de ce point, s'atténuant par une courbe irrégulière, tantôt à peine convexe, tantôt à peine concave en une pointe longue, peu épaisse et aiguë ; au-dessous du même point, s'arrondissant par une courbe très-courte et bien convexe jusque dans la cavité de l'œil.

Peau un peu épaisse et ferme, rude au toucher, d'abord d'un vert d'eau semé de points bruns, petits, bien arrondis, nombreux et bien régulièrement rapprochés. Un nuage d'une rouille verdâtre se répand irrégulièrement sur sa surface et se condense, soit sur le sommet du fruit, soit dans la cavité de l'œil. A la maturité, **septembre, octobre,** le vert fondamental passe au jaune intense, la rouille se dore et prend un ton fauve sur le sommet du fruit, le côté du soleil est ordinairement chargé d'une couche de rouge vineux sur lequel les points gris sont très-apparents.

Œil très-grand, ouvert, à divisions larges et étalées dans une cavité étroite, peu profonde, tantôt bien régulière, tantôt obscurément plissée dans ses parois et par ses bords.

Queue de moyenne longueur, un peu forte, un peu ligneuse et élastique, d'un brun foncé, souvent un peu courbée ou contournée, semblant former la continuation de la pointe du fruit ; sa flexibilité assure la solidité du fruit déjà bien attaché.

Chair blanchâtre, peu fine, grenue, laissant du marc dans la bouche, suffisante en eau bien sucrée, richement vineuse, mais parfois un peu astringente.

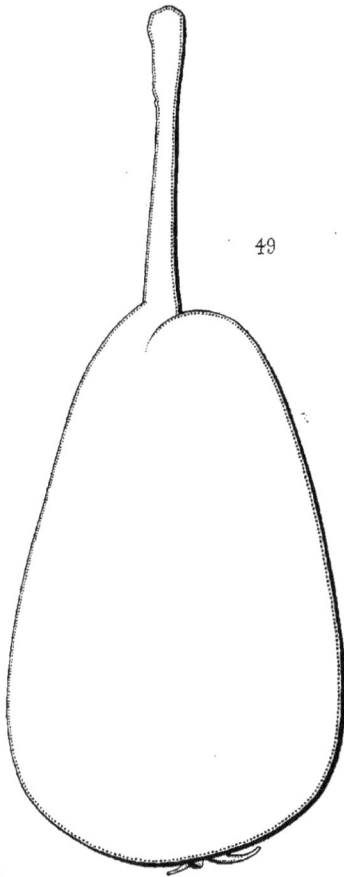

49

50

49, POIRE TROMPETTE.　　50, STYER.

Imp. A. Tournier à Lyon.

Peingeon Del!

STYER

(N° 50)

The Fruits and the fruit-trees of America. DOWNING.
The American fruit Culturist. THOMAS.

OBSERVATIONS. — D'après Downing, cette variété serait d'origine incertaine en Amérique. Elle aurait été d'abord propagée par Alan William Corson, du comté de Montgomery, Pensylvanie. — L'arbre est d'une bonne vigueur sur cognassier, et, par sa végétation et la force de son bois, se prête bien à la forme de fuseau. Greffé sur franc, il convient au verger et se recommande par l'excellente qualité de son fruit dont la maturation prolongée augmente encore le mérite.

DESCRIPTION.

Rameaux assez forts, peu allongés et un peu épaissis à leur sommet, obscurément anguleux dans leur contour, presque droits, à entre-nœuds courts, d'un jaune verdâtre et un peu teintés de rouge clair du côté du soleil ; lenticelles blanchâtres, larges, allongées, largement espacées et apparentes.

Boutons à bois gros, coniques, épais et obtus, à direction peu écartée du rameau, soutenus sur des supports extraordinairement saillants dont les côtés et l'arête médiane se prolongent un peu obscurément ; écailles d'un marron foncé et largement maculé de gris blanchâtre.

Pousses d'été d'un vert pâle, lavées de rouge et peu duveteuses à leur sommet.

Feuilles des pousses d'été petites, exactement ovales, un peu élargies, se terminant presque régulièrement en une pointe courte, un peu creusées en gouttière et arquées, bordées de dents larges, un peu profondes et obtuses, bien soutenues sur des pétioles courts, très-grêles et bien redressés.

Stipules en alênes assez courtes, très-fines et recourbées.

Feuilles stipulaires manquant ordinairement.

Boutons à fruit assez gros, coniques, un peu renflés, un peu courts et émoussés ; écailles d'un marron rougeâtre bien foncé.

Fleurs moyennes; pétales elliptiques, concaves, à onglet un peu long, écartés entre eux; divisions du calice courtes, finement aiguës et recourbées en dessous; pédicelles courts, grêles et bien laineux.

Feuilles des productions fruitières un peu moins petites que celles des pousses d'été, ovales un peu élargies, se terminant régulièrement en une pointe courte, à peine repliées sur leur nervure médiane et bien arquées, bordées de dents extraordinairement peu profondes et émoussées, se recourbant sur des pétioles courts, bien grêles et divergents.

Caractère saillant de l'arbre : feuilles des pousses d'été d'un vert jaune; feuilles des productions fruitières d'un vert d'eau terne et recourbées en dessous d'une manière vraiment caractéristique; tous les pétioles courts et bien grêles.

Fruit moyen ou presque moyen, sphérique-déprimé à ses deux pôles, ordinairement uni dans son contour, atteignant sa plus grande épaisseur à peu près au milieu de sa hauteur; au-dessus et au-dessous de ce point, s'arrondissant par des courbes presque de même longueur et presque également convexes, soit du côté de la queue, soit du côté de l'œil vers lequel il s'atténue cependant parfois un peu plus.

Peau un peu épaisse et cependant tendre, un peu chagrinée à la manière de celle d'une orange, d'abord d'un vert terne semé de points bruns, bien arrondis et régulièrement espacés. Un nuage très-léger d'une rouille brune voile souvent presque toute sa surface et se condense, soit dans la cavité de l'œil, soit dans celle de la queue. A la maturité, **milieu et fin de septembre,** le vert fondamental passe au jaune intense chaudement doré du côté du soleil.

Œil petit, hermétiquement fermé, à divisions courtes, dressées, placé dans une cavité étroite, un peu profonde, un peu plissée dans ses parois et régulière par ses bords.

Queue assez courte, forte, attachée le plus souvent perpendiculairement dans une cavité étroite et peu profonde.

Chair jaunâtre, fine, beurrée, fondante, à peine pierreuse vers le cœur, abondante en eau très-richement sucrée et parfumée.

POIRE DE HOUBLON

(HOPFENBIRNE)

(N° 51)

Versuch einer systematischen Beschreibung. DIEL.
Handbuch der Pomologie. HINKERT.
Handbuch aller bekannten Obstsorten. BIEDENFELD.
Illustrirtes Handbuch der Obstkunde. JAHN.

OBSERVATIONS. — On ne trouve pas de renseignements sur l'origine exacte de cette variété depuis longtemps cultivée dans plusieurs localités de l'Allemagne. Diel indique seulement qu'il l'obtint du professeur Crede, de Marbourg (Hesse-Électorale). — L'arbre est d'une belle végétation, d'une fertilité précoce et très-grande et convient surtout au verger de campagne. Son fruit, de qualité médiocre pour être consommé crû, constitue une excellente Poire à sécher et c'est un mérite qui est assez rare pour que l'on puisse en recommander la culture.

DESCRIPTION.

Rameaux forts, allongés, peu anguleux dans leur contour, à entre-nœuds très-inégaux entre eux, d'un brun un peu jaunâtre du côté de l'ombre et un peu rougeâtre du côté du soleil ; lenticelles blanchâtres, larges, allongées, nombreuses, un peu saillantes et apparentes.

Boutons à bois petits, coniques, peu aigus, à direction peu écartée du rameau, soutenus sur des supports peu saillants dont l'arête médiane se prolonge seule et assez distinctement ; écailles d'un marron rougeâtre largement bordé de gris blanchâtre.

Pousses d'été colorées d'un rouge violet qui s'étend bientôt sur toute leur longueur et reste longtemps un peu voilé par un duvet gris et court.

Feuilles des pousses d'été à peine moyennes, obovales, se terminant un peu brusquement en une pointe longue et bien aiguë, repliées sur leur nervure médiane et bien arquées, entières par leurs bords longtemps garnis d'un duvet blanc, s'abaissant peu sur des pétioles de moyenne longueur, de moyenne force, redressés, colorés d'un joli rouge et un peu duveteux.

Stipules en alênes courtes et très-fines, très-caduques.

Feuilles stipulaires se présentant assez souvent.

Boutons à fruit à peine moyens, ovo-ellipsoïdes, obtus ; écailles d'un marron peu foncé.

Fleurs assez grandes ; pétales elliptiques-arrondis, concaves, à onglet court, se touchant presque entre eux ; divisions du calice de moyenne longueur, finement aiguës et peu recourbées ; pédicelles de moyenne longueur, de moyenne force, un peu cotonneux.

Feuilles des productions fruitières moyennes ou à peine moyennes, ovales, s'atténuant promptement pour se terminer en une pointe longue, peu repliées sur leur nervure médiane et bien arquées, entières par leurs bords, assez peu soutenues sur des pétioles très-longs, très-grêles, flexibles et souvent colorés de rouge.

Caractère saillant de l'arbre : teinte générale du feuillage d'un vert bleu intense et brillant ; toutes les feuilles entières et longuement acuminées.

Fruit petit, ovoïde ou sphérico-ovoïde, ventru, ordinairement uni dans son contour, atteignant sa plus grande épaisseur peu au-dessous du milieu de sa hauteur ; au-dessus de ce point, s'atténuant promptement par une courbe d'abord peu convexe, puis brusquement et à peine concave à son extremité en une pointe courte et tronquée à son sommet ; au-dessous du même point, s'arrondissant brusquement jusque vers l'œil, de telle manière que sa base est presque exactement demi-sphérique.

Peau épaisse, ferme, d'abord d'un vert clair semé de points grisâtres, nombreux, irrégulièrement espacés, se confondant avec un réseau de rouille qui s'étend sur une grande partie de sa surface et se condense en une tache épaisse et d'un gris brun autour de l'œil. A la maturité, **fin d'août ,** le vert fondamental passe au jaune d'or et le côté du soleil, sur les fruits bien exposés, se distingue à peine par un ton un peu plus chaud.

Œil grand , ouvert, à divisions grisâtres, dressées, saillantes sur la base du fruit.

Queue de moyenne longueur ou un peu longue, grêle, ligneuse, d'un vert jaune, un peu courbée, attachée souvent obliquement dans un pli charnu formé par la pointe du fruit.

Chair blanchâtre, un peu jaune vers le cœur, grossière, demi-cassante, suffisante en eau bien sucrée, relevée d'un parfum de rose bien appréciable.

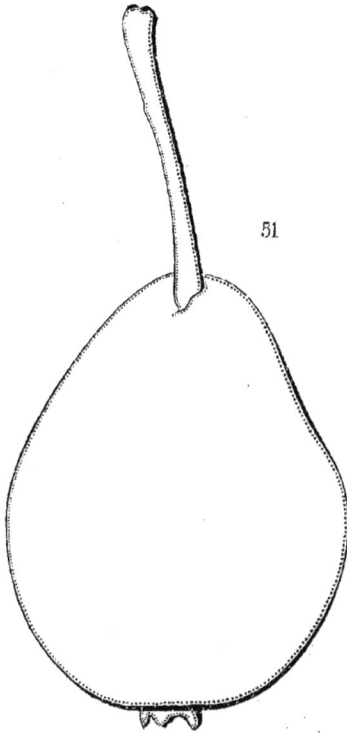

51

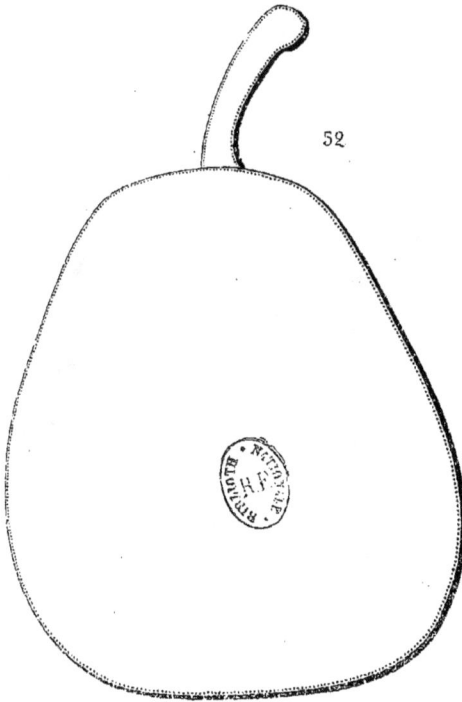

52

51, POIRE DE HOUBLON.   52, BEURRÉ DE CONITZ.

Imp. A. Tournier à Lyon

Peingeon Del.

BEURRÉ DE CONITZ

(CONITZER BUTTERBIRNE)

(N° 52)

Illustrirtes Handbuch der Obsikunde. JAHN.

OBSERVATIONS. — Cette variété, que j'ai reçue de M. Jahn, est très-ré-
pandue, dit-il, et estimée dans les environs de Dantzig. Elle lui fut
communiquée par M. Rotzoll, banquier de cette ville, et porte dans son
pays natal le nom de Fondante de Conitz.— L'arbre, d'une bonne vigueur
sur cognassier, est bien disposé à se soumettre aux formes régulières,
surtout à celle de pyramide qui lui est naturelle. Il convient très-bien aussi
pour la haute tige dans le verger sur laquelle son fruit atteint une qualité
qui le classe parmi les meilleures Poires de son époque.

DESCRIPTION.

Rameaux peu forts, un peu anguleux dans leur contour, à peine flexueux, à
entre-nœuds courts, d'un brun jaunâtre à l'ombre, lavés de rouge sanguin un peu sombre
du côté du soleil ; lenticelles très-petites, extraordinairement rares et peu apparentes.

Boutons à bois moyens, conico-ovoïdes, courts, épais, très-courtement et très-
finement aigus, à direction peu écartée du rameau ou parfois presque parallèle, soutenus
sur des supports peu saillants dont l'arête médiane se prolonge un peu distinctement ;
écailles d'un marron rougeâtre foncé et brillant.

Pousses d'été d'un vert d'eau pâle, lavées de rouge à leur sommet et longtemps
recouvertes, sur presque toute leur longueur, d'un duvet cotonneux.

Feuilles des pousses d'été bien petites, ovales-elliptiques, se terminant
brusquement en une pointe courte et bien ferme, bien creusées en gouttière et bien
arquées, bordées de dents très-peu profondes et aiguës, bien soutenues sur des pétioles
un peu longs, grêles et bien redressés.

Stipules en alênes courtes et fines.

Feuilles stipulaires se présentant assez souvent.

Boutons à fruit moyens, conico-ovoïdes, un peu allongés et assez courtement aigus ; écailles d'un beau marron rougeâtre foncé et brillant.

Fleurs grandes ; pétales obovales-allongés et un peu élargis, peu concaves, à onglet très-long, bien écartés entre eux ; divisions du calice de moyenne longueur et recourbées en dessous seulement par leur pointe ; pédicelles longs, forts et presque glabres.

Feuilles des productions fruitières à peine moyennes, ovales-elliptiques, se terminant assez brusquement en une pointe longue, large et cependant finement aiguë, un peu concaves et non arquées, largement ondulées dans leur contour, entières ou presque entières par leurs bords, assez peu soutenues sur des pétioles longs, grêles et flexibles.

Caractère saillant de l'arbre : teinte générale du feuillage d'un vert bleu ; feuilles des pousses d'été remarquablement creusées en gouttière ; feuilles des productions fruitières sensiblement ondulées dans leur contour, tous les pétioles bien grêles.

Fruit moyen ou presque gros, conique ou conique-piriforme, ordinairement uni dans son contour, atteignant sa plus grande épaisseur bien près de sa base ; au-dessus de ce point, s'atténuant par une courbe tantôt convexe, tantôt d'abord convexe puis concave en une pointe un peu longue, bien épaisse et largement obtuse ; au-dessous du même point, s'arrondissant par une courbe bien convexe jusque dans la cavité de l'œil.

Peau un peu épaisse et cependant tendre, chagrinée comme celle d'une orange, d'abord d'un vert décidé semé de points burinés en creux et d'un vert encore plus foncé. Une rouille épaisse, d'un gris brun, couvre ordinairement la cavité de l'œil et s'étend un peu sur la base du fruit. A la maturité, **milieu d'août,** le vert fondamental passe au jaune citron clair, tantôt lavé d'une teinte orangé, tantôt recouvert d'un rouge feu sur lequel ressortent les points cernés de jaune.

Œil bien fermé, à divisions courtes et fines, placé dans une cavité profonde, bien évasée, plissée dans ses parois et ordinairement régulière par ses bords.

Queue de moyenne longueur et de moyenne force, ligneuse, ferme, souvent un peu épaisse et un peu courbée à son point d'attache au rameau, fixée, tantôt perpendiculairement dans un pli peu prononcé, tantôt un peu obliquement sur une excroissance charnue qui surmonte le fruit.

Chair blanche, fine, bien fondante, abondante en eau douce, bien sucrée et agréablement parfumée.

JULES D'AIROLES

(N° 53)

Notices pomologiques. DE LIRON D'AIROLES.
Dictionnaire de pomologie. ANDRÉ LEROY.

OBSERVATIONS. — M. Xavier Grégoire, de Jodoigne, a obtenu cette variété dont le premier rapport eut lieu en 1857 et qui fut alors dédiée par lui à M. de Liron d'Airoles, connu pour ses études pomologiques. — L'arbre, d'une vigueur moyenne sur cognassier, se prête avec quelques soins aux formes régulières et surtout à celle de pyramide. Sa fertilité est précoce, mais seulement moyenne, et son fruit pourrait être placé à un meilleur rang s'il n'était sujet à mollir assez promptement.

DESCRIPTION.

Rameaux assez forts, anguleux dans leur contour, droits, à entre-nœuds courts, d'un rouge violet intense ; lenticelles blanches, petites, un peu nombreuses et un peu apparentes.

Boutons à bois petits, coniques, très-courts, épatés, obtus, appliqués au rameau, soutenus sur des supports très-saillants dont l'arête médiane se prolonge distinctement ; écailles d'un marron noirâtre et terne.

Pousses d'été colorées, de bonne heure, d'un rouge sanguin vif sur toute leur longueur et duveteuses à leur sommet.

Feuilles des pousses d'été moyennes, ovales-arrondies, se terminant peu brusquement en une pointe courte, fine et recourbée en dessous, à peine repliées sur leur nervure médiane et souvent convexes par leurs côtés, bordées de dents peu profondes et émoussées, soutenues horizontalement sur des pétioles longs, peu forts et peu redressés.

Stipules en alênes de moyenne longueur et très-caduques.

Feuilles stipulaires manquant ordinairement.

Boutons à fruit moyens, ovoïdes, bien renflés, courts et se terminant brusquement en une pointe très-courte ; écailles d'un marron rougeâtre bien foncé et terne.

Fleurs moyennes; pétales arrondis, concaves, à onglet court, se recouvrant un peu entre eux ; divisions du calice courtes et à peine recourbées en dessous ; pédicelles assez longs, un peu forts et duveteux.

Feuilles des productions fruitières plus grandes que celles des pousses d'été, ovales-élargies ou elliptiques-arrondies, se terminant brusquement en une pointe très-courte et large, à peine concaves, bordées de dents larges, profondes et un peu aiguës, assez mal soutenues sur des pétioles longs, grêles et divergents.

Caractère saillant de l'arbre : teinte générale du feuillage d'un vert herbacé peu foncé ; presque toutes les feuilles tendant à la forme arrondie ; rameaux colorés d'un rouge sanguin intense.

Fruit moyen ou assez gros, irrégulièrement sphérique ou turbiné-sphérique, souvent un peu bosselé ou déformé dans son contour par des côtes très-aplanies, atteignant sa plus grande épaisseur peu au-dessous du milieu de sa hauteur ; au-dessus de ce point, s'atténuant par une courbe peu convexe en une pointe courte, épaisse et un peu tronquée à son sommet ; au-dessous du même point, s'arrondissant par une courbe largement convexe pour ensuite s'aplatir à peine autour de la cavité de l'œil.

Peau un peu ferme et parfois un peu rude au toucher, d'abord d'un vert gai semé de points d'un gris noir, très-nombreux, serrés et irrégulièrement espacés. Une tache d'une rouille fauve couvre ordinairement la cavité de l'œil et se disperse parfois sur quelques parties de la surface du fruit. A la maturité, **octobre,** le vert fondamental passe au jaune blanchâtre, quelquefois un peu pointillé de vert sur certaines places et le côté du soleil est indiqué seulement par un ton un peu plus chaud.

Œil petit, fermé, à divisions très-courtes et dressées, placé dans une cavité peu profonde, évasée et divisée par ses bords en côtes très-peu prononcées.

Queue de moyenne longueur ou assez longue, grêle, ligneuse, courbée, attachée un peu obliquement dans une cavité étroite, un peu profonde, irrégulière et souvent divisée dans ses bords par des côtes assez prononcées qui se prolongent obscurément sur la hauteur du fruit.

Chair bien blanche, demi-fine, un peu creuse, un peu marcescente, beurrée, fondante et à peine pierreuse vers le cœur, abondante en eau sucrée, finement acidulée et légèrement parfumée.

53

54

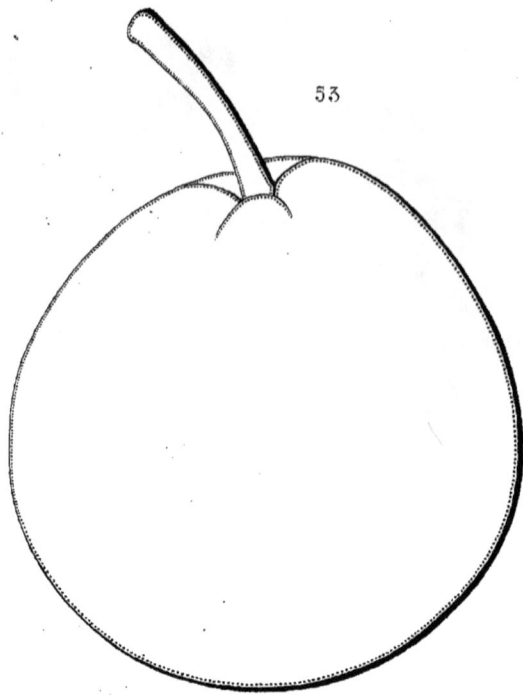

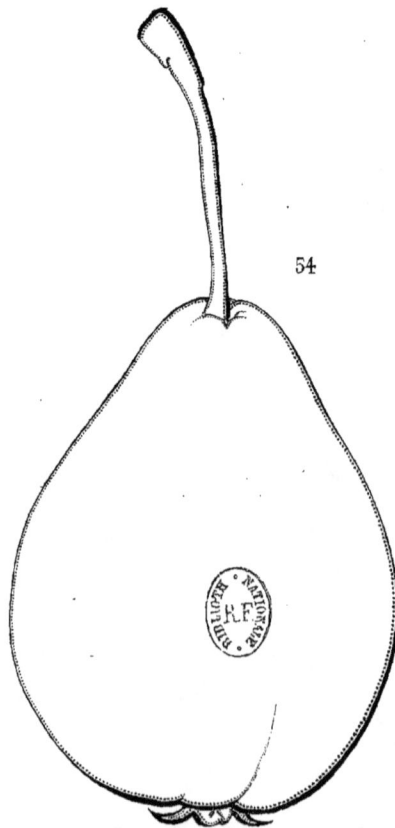

53, JULES D'AIROLES.   54, TOUT-IL-FAUT.

'rgeon Del!

Imp.A.Tournier à Lyon.

TOUT-IL-FAUT

(N° 54)

Catalogue. DE BAVAY. 1855-1856.
Pomone Tournaisienne. DU MORTIER.

OBSERVATIONS. — Van Mons, lorsqu'il dégusta pour la première fois ce produit de ses semis, le trouva, sans doute, d'une qualité assez contestable pour lui donner son nom qui, dans son langage souvent un peu énigmatique, signifiait qu'il fallait toute la bonne volonté possible pour se trouver satisfait de sa saveur. Cependant ce nom qui conviendrait à tant d'autres variétés ne doit pas être pris tout à fait à la rigueur pour celle ici représentée. Son fruit est bien passable et sa forme régulière, son joli coloris lui donnent l'aspect le plus séduisant. — L'arbre, d'une vigueur normale, d'une fertilité précoce, d'une végétation régulière, mérite bien une place dans les collections de l'amateur, et si l'on se décidait à le cultiver pour la spéculation, l'acheteur qui céderait à l'apparence de son fruit, n'aurait pas encore trop à se plaindre de son acquisition après l'avoir goûté.

DESCRIPTION.

Rameaux peu forts, un peu anguleux dans leur contour, presque droits, à entre-nœuds très-inégaux entre eux, d'un brun rougeâtre ; lenticelles blanchâtres, très-petites, allongées, très-nombreuses, et peu apparentes.

Boutons à bois moyens ou petits, coniques, épais, un peu renflés sur le dos, bien aigus, à direction parallèle au rameau, soutenus sur des supports peu saillants dont l'arête médiane se prolonge seule et peu distinctement ; écailles d'un marron rougeâtre, largement bordé de gris blanchâtre.

Pousses d'été assez fl ettes, d'un vert clair, colorées d'un rouge brun intense du côté du soleil et peu duveteuses à leur sommet.

Feuilles des pousses d'été petites, exactement cordiformes, se terminant en une pointe assez courte, bien repliées sur leur nervure médiane et un peu arquées, crénelées par leurs bords plutôt que dentées, soutenues bien horizontalement sur des pétioles courts, grêles et redressés.

Stipules en alênes courtes.

Feuilles stipulaires manquant le plus souvent.

Boutons à fruit assez gros, conico-ovoïdes, aigus ; écailles d'un marron peu foncé.

Fleurs assez grandes ; pétales ovales-élargis, concaves, à onglet long, écartés entre eux ; divisions du calice de moyenne longueur et annulaires ; pédicelles de moyenne longueur, de moyenne force et duveteux.

Feuilles des productions fruitières un peu plus grandes que celles des pousses d'été, ovales-arrondies, se terminant en une pointe courte, peu repliées sur leur nervure médiane ou presque planes, bordées de dents très-peu profondes et émoussées, assez bien soutenues sur des pétioles courts, grêles et redressés.

Caractère saillant de l'arbre : couleur rouge violet intense du fruit lorsqu'il est définitivement noué.

Fruit moyen, conique-piriforme, uni dans son contour, atteignant sa plus grande épaisseur bien au-dessous du milieu de sa hauteur ; au-dessus de ce point, s'atténuant par une courbe à peine concave en une pointe un peu longue, un peu épaisse, obtuse ou tronquée à son sommet ; au-dessous du même point, s'arrondissant par une courbe largement convexe pour ensuite s'aplatir un peu autour de la cavité de l'œil.

Peau assez fine, mince et unie, d'abord d'un vert décidé semé de points gris, très-petits, nombreux et serrés. On ne remarque aucune trace de rouille sur sa surface. A la maturité, **milieu d'août,** le vert fondamental s'éclaircit un peu en jaune et le côté du soleil, sur une grande étendue, parfois sur tout le contour du fruit, se couvre d'un beau rouge cramoisi brillant qui se divise en traits fins et convergeant, soit vers la base de la queue, soit vers le fond de la cavité de l'œil.

Œil petit, fermé, à divisions fines et courtes, placé dans une cavité étroite, peu profonde, unie dans ses parois et par ses bords et le contenant exactement.

Queue assez longue, grêle, ligneuse, très-roide, d'un vert foncé, attachée perpendiculairement entre des plis divergents qui ne se continuent pas sur la hauteur du fruit.

Chair bien blanche, demi-fine, tendre, presque beurrée, peu abondante en eau douce, sucrée et assez agréablement parfumée.

DOWNTON

(N° 55)

Catalogue. VAN MONS. 1823.
Dictionnaire de pomologie. ANDRÉ LEROY.
DOYENNÉ DOWNTON. *Handbuch aller bekannten Obstsorten.* BIEDENFELD.

OBSERVATIONS.— Cette variété, d'après Van Mons, aurait été obtenue par M. Knight, Président de la Société d'horticulture de Londres. — L'arbre, d'une vigueur contenue sur cognassier, est disposé à la forme pyramidale. Greffé sur franc, il conviendrait probablement au verger, car son fruit est bien attaché. Sa fertilité est précoce, grande et soutenue, et son fruit est d'assez bonne qualité ; cependant, dans certains sols et par une saison trop humide, l'acidité de son eau est parfois trop développée.

DESCRIPTION.

Rameaux de moyenne force, presque unis dans leur contour, flexueux, à entre-nœuds inégaux entre eux, d'un vert jaunâtre ; lenticelles blanchâtres, fines, allongées, assez peu nombreuses et peu apparentes.

Boutons à bois petits, coniques, courts, un peu renflés sur le dos et émoussés, à direction très-peu écartée du rameau, soutenus sur des supports un peu renflés dont les côtés et l'arête médiane ne se prolongent pas ordinairement d'une manière distincte ; écailles d'un marron noirâtre et brillant, bordées de blanc argenté.

Pousses d'été d'un vert vif, bien colorées de rouge et un peu duveteuses à leur sommet.

Feuilles des pousses d'été moyennes ou grandes, ovales-cordiformes, se terminant un peu brusquement en une pointe courte, peu repliées sur leur nervure médiane et un peu arquées ; bordées de dents larges, irrégulières, peu profondes et émoussées, s'abaissant entièrement sur des pétioles longs, forts et cependant souples.

Stipules longues, linéaires-étroites.

Feuilles stipulaires fréquentes.

Boutons à fruit gros, ovoïdes, aigus ; écailles d'un marron foncé et terne.

Fleurs presque grandes ; pétales arrondis–élargis, presque planes ; divisions du calice courtes, peu aiguës et étalées ; pédicelles longs, forts et peu duveteux.

Feuilles des productions fruitières, les unes ovales-cordiformes, les autres ovales un peu élargies, se terminant en une pointe courte et fine, planes ou peu concaves, bordées de dents fines , un peu profondes et émoussées, s'abaissant un peu sur des pétioles longs, peu forts et un peu flexibles.

Caractère saillant de l'arbre : teinte générale du feuillage d'un vert clair ; feuilles stipulaires nombreuses et bien développées ; toutes les feuilles plus ou moins élargies.

Fruit moyen ou presque moyen, sphérico-ovoïde, souvent un peu irrégulier et bosselé dans son contour, atteignant sa plus grande épaisseur à peu près au milieu de sa hauteur ; au-dessus de ce point, s'atténuant par une courbe d'abord peu convexe, puis brusquement concave en une pointe très-courte, peu épaisse et un peu obtuse à son sommet ; au-dessous du même point, s'arrondissant par une courbe plus ou moins convexe jusque dans la cavité de l'œil.

Peau ferme et épaisse, d'abord d'un vert d'eau peu foncé semé de points d'un vert plus foncé, nombreux, bien régulièrement espacés et un peu apparents. Une tache de rouille d'un brun clair et peu dense couvre la cavité de l'œil. A la maturité, **novembre-décembre,** le vert fondamental passe au jaune citron terne et le côté du soleil, sur les fruits bien exposés, se lave de jaune orangé.

Œil grand, demi-ouvert ou fermé, à divisions courtes, de consistance cornée, placé dans une cavité étroite, un peu profonde, un peu évasée par ses bords divisés en des côtes très-obscures et qui se prolongent un peu sur la base du fruit.

Queue, tantôt longue, tantôt plus courte, un peu forte, un peu épaissie à ses deux extrémités, bien ligneuse, courbée, attachée entre des plis charnus formés par la pointe du fruit.

Chair blanchâtre, assez fine, beurrée, un peu pierreuse vers le cœur, abondante en eau sucrée, acidulée et assez agréablement relevée.

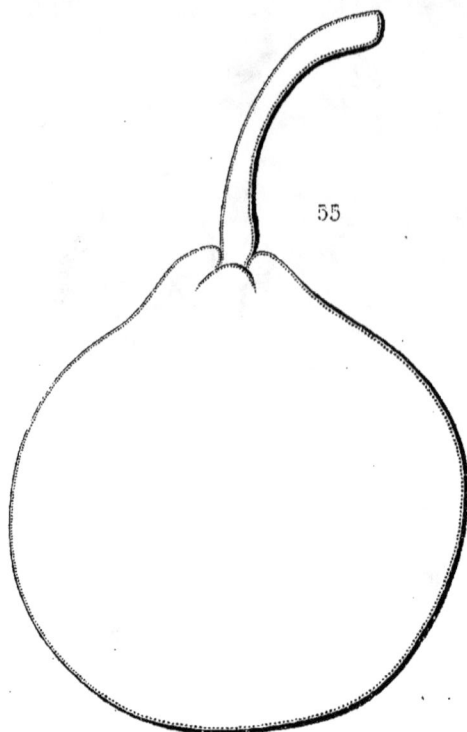

55

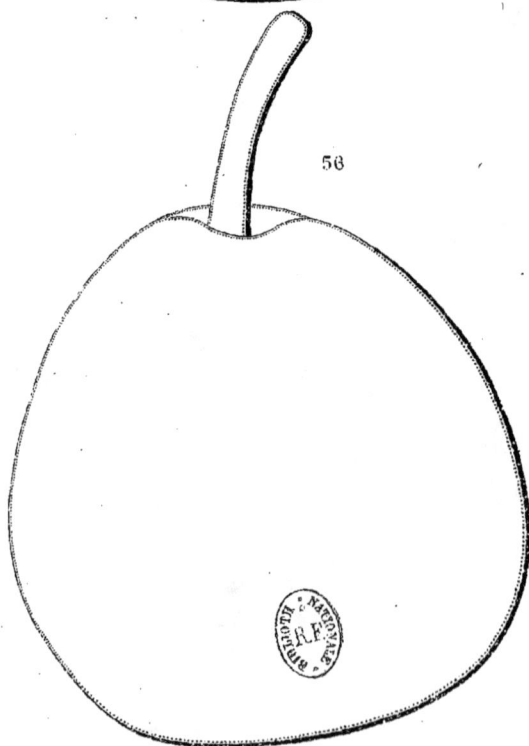

56

55 DOWNTON.   56, ÉLÉONORE VAN BERKLAER

Imp. A Tournier à Lyon

ÉLÉONORE VAN BERKLAER

(N° 56)

Bulletin de la Société VAN MONS. 1855-1857.

OBSERVATIONS. — Le premier rapport de cette variété, obtenue dans le jardin de la Société Van Mons, eut probablement lieu vers 1854, car M. Bivort ne la cite pas dans son catalogue de 1851-1852. — L'arbre est d'une vigueur contenue sur cognassier et moyenne sur franc. Il est d'une fertilité très-précoce et soutenue. Son fruit n'est pas de première qualité, mais son volume et son apparence, sa disposition à supporter facilement le transport peuvent engager à sa production pour le marché.

DESCRIPTION.

Rameaux de moyenne force, allongés, presque unis dans leur contour, presque droits, à entre-nœuds inégaux entre eux, d'un vert clair ; lenticelles blanchâtres, larges, le plus souvent allongées, très-largement espacées et bien apparentes.

Boutons à bois petits, coniques, courts, épais et obtus, appliqués ou presque appliqués au rameau, soutenus sur des supports peu saillants dont les côtés se prolongent rarement et peu distinctement ; écailles d'un marron clair largement recouvert de gris blanchâtre.

Pousses d'été lavées de rouge brun, colorées de rouge sanguin à leur sommet et recouvertes sur presque toute leur longueur d'un léger duvet gris.

Feuilles des pousses d'été petites, presque elliptiques, étroites, se terminant en une pointe courte et bien aiguë, repliées sur leur nervure médiane et arquées, duveteuses à leur page inférieure et par leurs bords grossièrement dentés, bien soutenues sur des pétioles de moyenne longueur, grêles, bien redressés et un peu colorés de rouge.

Stipules longues, linéaires-étroites.

Feuilles stipulaires fréquentes.

Boutons à fruit petits, ovoïdes, courts, obscurément anguleux et obtus ; écailles d'un marron peu foncé.

Fleurs moyennes ; pétales elliptiques-élargis, peu concaves ; divisions du calice longues, un peu larges, épaisses, recourbées en dessous souvent seulement par leur pointe; pédicelles assez longs, forts et peu duveteux.

Feuilles des productions fruitières assez petites, exactement ovales, un peu allongées, se terminant régulièrement en une pointe bien aiguë, bien creusées en gouttière et non arquées, parfois largement ondulées dans leur contour, bordées de dents peu profondes et très-obtuses, assez bien soutenues sur des pétioles longs et grêles.

Caractère saillant de l'arbre : pousses d'été remarquablement colorées de rouge sur une grande longueur ; toutes les feuilles étroites et repliées sur leur nervure médiane.

Fruit gros, sphérico-conique, uni dans son contour, atteignant sa plus grande épaisseur peu au-dessous du milieu de sa hauteur ; au-dessus de ce point, s'atténuant peu par une courbe peu convexe en une pointe courte, très-épaisse et largement tronquée à son sommet ; au-dessous du même point, s'arrondissant par une courbe largement convexe pour s'aplatir ensuite un peu autour de la cavité de l'œil.

Peau épaisse et ferme, d'abord d'un vert clair et pâle semé de points bruns, larges, peu nombreux, largement et irrégulièrement espacés. Des taches d'une rouille brune, épaisse et rude au toucher, se dispersent sur sa surface et deviennent plus nombreuses dans la cavité de l'œil et dans celle de la queue. A la maturité, **octobre ,** le vert fondamental passe au jaune paille brillant et le côté du soleil se dore ou se lave d'un nuage de rouge.

Œil grand, demi-ouvert, à divisions longues, molles et chiffonnées, placé dans une cavité large, profonde et dont les bords épaissis permettent au fruit de bien se tenir debout.

Queue grêle, ligneuse, flexible, d'un beau brun, insérée obliquement dans une cavité large et peu profonde.

Chair bien blanche, demi-fine, fondante, abondante en eau sucrée, acidulée, assez agréablement relevée.

BERGAMOTTE DU QUERCY

(N° 57)

Catalogue. VAN MONS. 1823.

OBSERVATIONS.— Le nom de cette variété indique probablement qu'elle est originaire d'un des deux départements (Lot et Tarn-et-Garonne) formant l'ancienne province du Quercy. Je l'ai obtenue, il y a vingt-cinq ans, de greffes provenant du jardin du duc d'Arenberg et je n'ai pu recueillir d'autres renseignements sur elle qu'une simple citation de Van Mons dans son catalogue de 1823, page 23, au numéro 1 du supplément de la première série. — L'arbre, d'une végétation un peu trop contenue sur cognassier, convient surtout à la haute tige par sa rusticité et la solidité de son fruit dont un sol calcaire relève la saveur trop froide dans une terre siliceuse et compacte.

DESCRIPTION.

Rameaux peu forts, presque unis dans leur contour, presque droits, à entre-nœuds très-courts, de couleur brune; lenticelles blanches, un peu larges, largement et régulièrement espacées et apparentes.

Boutons à bois petits, coniques, bien aigus, à direction plus ou moins écartée du rameau, soutenus sur des supports peu saillants dont l'arête médiane se prolonge seule et très-obscurément; écailles d'un marron peu foncé.

Pousses d'été d'un vert clair un peu jaune, à peine lavées de rouge et à peine duveteuses à leur sommet.

Feuilles des pousses d'été elliptiques ou obovales-elliptiques, se terminant brusquement en une pointe très-courte et bien fine, un peu concaves, bordées de dents très-peu profondes, courbées et peu aiguës, bien soutenues sur des pétioles courts, grêles et dressés.

Stipules moyennes, linéaires-étroites.

Feuilles stipulaires assez fréquentes.

Boutons à fruit petits, conico-ovoïdes, aigus ; écailles d'un marron peu foncé.

Fleurs petites ; pétales ovales-allongés et étroits, bien aigus à leur sommet, à onglet, très-court, un peu écartés entre eux ; divisions du calice de moyenne longueur, étroites et recourbées en dessous ; pédicelles courts, peu forts et peu duveteux.

Feuilles des productions fruitières moyennes ou assez grandes, elliptiques-allongées et peu larges, creusées en gouttière et non arquées, bordées de dents souvent extraordinairement peu profondes et émoussées, assez bien soutenues sur des pétioles de moyenne longueur, grêles, un peu redressés et un peu flexibles.

Caractère saillant de l'arbre : teinte générale du feuillage d'un vert décidé et vif ; toutes les feuilles bordées de dents à peine appréciables ; tous les pétioles grêles.

Fruit moyen ou presque moyen, presque sphérique, un peu tronqué à ses deux pôles, uni dans son contour, atteignant sa plus grande épaisseur au milieu de sa hauteur ; au-dessus et au-dessous de ce point, s'atténuant par des courbes également convexes et de même longueur pour se tronquer en se terminant, soit du côté de la queue, soit du côté de l'œil.

Peau un peu épaisse, d'abord d'un vert très-pâle semé de très-petits points bruns, irrégulièrement espacés, manquant souvent sur certaines parties. Une rouille brune, épaisse s'étale ordinairement en une large tache dans la cavité de l'œil et sur la base du fruit. A la maturité, **fin de septembre,** le vert fondamental passe au blanc à peine teinté de jaune et même au blanc de lait dans certaines années, et sur les fruits les mieux exposés, le côté du soleil est à peine reconnaissable à un ton un peu plus chaud.

Œil petit, demi-ouvert ou presque fermé, à divisions souvent caduques, placé dans une cavité peu profonde, un peu évasée, bien régulière dans ses parois et par ses bords.

Queue courte, forte, bien épaissie à son point d'attache au rameau, implantée le plus souvent perpendiculairement dans une cavité un peu profonde et un peu évasée, parfois un peu irrégulière par ses bords.

Chair bien blanche, peu fine, un peu ferme, cependant fondante, ruisselante en eau douce, sucrée et plus ou moins parfumée suivant le sol ou la saison.

57

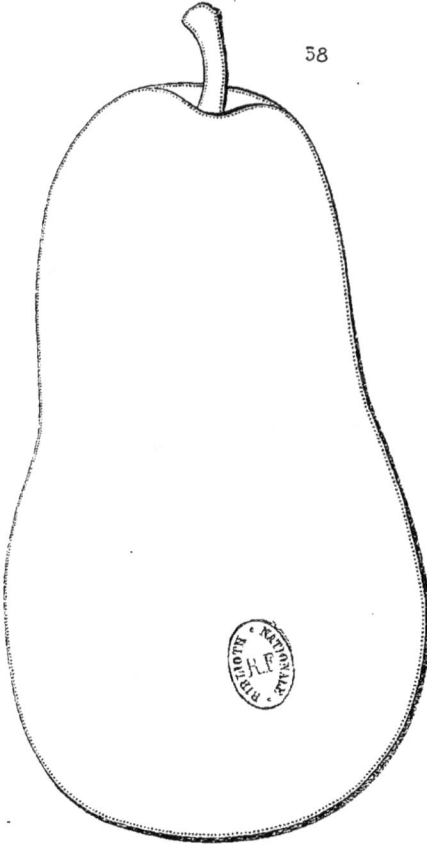

58

57, BERGAMOTTE DE QUERCY.   58, FORELLE.

Imp. A. Tournier à Lyon   Peindeon Del.

FORELLE

(FORELLEN BIRNE)

(N° 58)

Versuch einer systematischen Beschreibung der Kernobstsorten. DIEL.
Systematisches Handbuch der Obstkunde. DITTRICH.
Illustrirtes Handbuch der Obstkunde. JAHN.
A Guide to the orchard. LINDLEY.
The fruit Manual. ROBERT HOGG.
The Fruits and the fruit-trees of America. DOWNING.
Dictionnaire de pomologie. ANDRÉ LEROY.
POIRE CORAIL. *Album de pomologie.* BIVORT.

OBSERVATIONS. — M. Jahn dit que cette variété est probablement d'origine allemande et née dans le duché de Saxe. — L'arbre, d'une végétation très-contenue sur cognassier, ne se prête pas facilement aux formes régulières et semblerait préférer celle de vase. D'une bonne vigueur sur franc, il convient au grand verger en sol frais et profond. Son fruit joli et de bonne qualité doit être surveillé au fruitier, car il est sujet à blettir.

DESCRIPTION.

Rameaux de moyenne force, anguleux dans leur contour, droits, à entre-nœuds courts, d'un rouge sanguin intense ; lenticelles blanches, très-petites, rares et très-peu apparentes.

Boutons à bois moyens, coniques, maigres et aigus, à direction parallèle ou presque parallèle au rameau, soutenus sur des supports un peu saillants dont les côtés et l'arête médiane se prolongent bien distinctement ; écailles d'un marron rougeâtre brillant.

Pousses d'été d'un vert très-pâle blanchâtre, légèrement lavées de rouge du côté du soleil et colorées d'un rouge sanguin vif à leur sommet, longtemps recouvertes, sur toute leur longueur, d'un duvet blanc et fin.

Feuilles des pousses d'été petites, ovales un peu élargies, se terminant brusquement en une pointe longue et bien aiguë, un peu repliées sur leur nervure médiane et peu arquées, bordées de dents très-peu profondes et un peu aiguës, bien soutenues sur des pétioles de moyenne longueur, forts et bien redressés.

Stipules assez longues, filiformes, très-caduques.

Feuilles stipulaires manquant presque toujours.

Boutons à fruit moyens, conico-ovoïdes, aigus ; écailles extérieures d'un marron rougeâtre largement maculé de gris blanchâtre ; écailles intérieures recouvertes d'un duvet fauve.

Fleurs moyennes ; pétales arrondis–élargis, concaves, à onglet très-court, se recouvrant entre eux, veinés de rose vif avant et après l'épanouissement ; divisions du calice fines et bien recourbées en dessous ; pédicelles de moyenne longueur et de moyenne force.

Feuilles des productions fruitières plus grandes que celles des pousses d'été, ovales bien élargies, s'atténuant très-lentement pour se terminer ensuite un peu brusquement en une pointe courte et aiguë, concaves et souvent bullées dans leur surface, un peu arquées, presque entières par leurs bords, bien soutenues sur des pétioles courts, forts et bien redressés.

Caractère saillant de l'arbre : teinte générale du feuillage d'un vert clair souvent pâle à la page supérieure et d'un vert blanchâtre à la page inférieure ; feuilles et pousses d'été plus ou moins cotonneuses.

Fruit moyen ou presque gros, conico-cylindrique, souvent irrégulier et inconstant dans sa forme, atteignant sa plus grande épaisseur bien près de sa base ; au-dessus de ce point, s'atténuant par une courbe, tantôt peu convexe, tantôt d'abord à peine convexe, puis peu concave en une pointe longue, d'une épaisseur soutenue jusqu'à son sommet où elle est plus ou moins largement tronquée ; au-dessous du même point, s'atténuant par une courbe largement convexe pous diminuer assez sensiblement d'épaisseur autour de la cavité de l'œil.

Peau un peu épaisse et ferme, d'abord d'un vert d'eau semé de points bruns, nombreux, serrés et apparents. On remarque aussi ordinairement une tache d'une rouille fauve, soit sur le sommet du fruit, soit dans la cavité de l'œil. A la maturité, **novembre et décembre,** le vert fondamental passe au jaune paille et le côté du soleil, sur une très-large étendue, est recouvert d'un rouge vermillon moucheté de la même couleur plus foncée, et ces points se montrent aussi sur les parties moins éclairées assez nombreux pour que souvent une très-petite partie de la couleur fondamentale reste pure. Sans doute la disposition de ces points, semblables à ceux que l'on remarque sur la tête de la truite, ont fait donner à cette variété son nom de *Forellenbirne* ou Poire truitée.

Œil grand, demi-ouvert, à divisions fermes et souvent caduques, placé dans une cavité étroite, très-peu profonde et souvent irrégulière par ses bords.

Queue, tantôt de moyenne longueur, tantôt plus longue, grêle, droite ou arquée, attachée le plus souvent perpendiculairement dans une dépression irrégulière dont les bords sont souvent coupés obliquement.

Chair blanche, bien fine, beurrée, fondante, suffisante en eau bien sucrée, vineuse et délicatement parfumée.

BERGAMOTTE DE ROE

(ROE'S BERGAMOTTE)

(N° 59)

The Fruits and the fruit-trees of America. DOWNING.
The American fruit Culturist. THOMAS.

OBSERVATIONS. — Cette variété, d'après M. Downing, aurait été obtenue par M. William Roe, de Newburgh, État de New-York. — L'arbre, d'une vigueur modérée sur cognassier, se prête facilement sur ce sujet aux formes régulières et sa grande fertilité doit être ménagée par une taille courte. La bonne qualité de son fruit et sa maturation prolongée en recommandent la culture.

DESCRIPTION.

Rameaux de moyenne force, très-obscurément anguleux dans leur contour, à peine coudés à leurs entre-nœuds très-courts, de couleur rougeâtre ; lenticelles blanchâtres, allongées et un peu apparentes.

Boutons à bois petits, exactement coniques, aigus, fortement éperonnés, à direction très-écartée du rameau, soutenus sur des supports très-saillants dont l'arête médiane se prolonge peu distinctement ; écailles d'un marron rougeâtre foncé.

Pousses d'été d'un vert très-clair et un peu jaune, lavées de rouge et soyeuses à leur sommet.

Feuilles des pousses d'été petites, ovales, souvent un peu atténuées vers le pétiole, se terminant presque régulièrement en une pointe finement aiguë, bien creusées en gouttière et bien arquées, bordées de dents très-peu profondes, bien couchées et peu aiguës, se recourbant sur des pétioles courts, grêles, fermes et redressés.

Stipules de moyenne longueur, fines, presque filiformes.

Feuilles stipulaires manquant ordinairement.

Boutons à fruit moyens, conico-ovoïdes assez renflés et aigus ; écailles d'un marron foncé et très-largement bordées de gris blanchâtre.

Fleurs petites ; pétales elliptiques-arrondis, peu concaves, à onglet peu long, un peu écartés entre eux ; divisions du calice courtes et recourbées en dessous ; pédicelles assez longs, grêles et à peine duveteux.

Feuilles des productions fruitières petites, ovales ou ovales-elliptiques, se terminant presque régulièrement en une pointe bien aiguë, à peine repliées sur leur nervure médiane et bien recourbées en dessous par leur pointe, bordées de dents bien couchées, peu profondes et peu aiguës, bien soutenues sur des pétioles courts, grêles et roides.

Caractère saillant de l'arbre : teinte générale du feuillage d'un vert herbacé peu foncé et peu brillant ; feuilles des pousses d'été remarquablement arquées et creusées en gouttière ; toutes les feuilles petites ; tous les pétioles courts, grêles et roides.

Fruit moyen, sphérico-cylindrique et tronqué à ses deux pôles sur des étendues à peu près égales, souvent un peu déformé dans son contour par des côtes aplanies, atteignant sa plus grande épaisseur à peu près au milieu de sa hauteur ; au-dessus et au-dessous de ce point, s'atténuant par des courbes de même longueur et de même convexité pour s'arrondir ensuite brusquement jusque vers les bords de la cavité de l'œil et de celle de la queue.

Peau un peu épaisse et ferme, d'abord d'un vert clair semé de petits points gris, peu apparents et irrégulièrement groupés. Une rouille brune couvre la cavité de la queue et s'étale en étoile dans celle de l'œil. A la maturité, **septembre,** le vert fondamental passe au jaune terne et le côté du soleil est lavé ou taché de rouge brun.

Œil grand, ouvert, à divisions grisâtres, larges, courtes et étalées, placé dans une cavité étroite, un peu profonde, ordinairement divisée par ses bords en des côtes peu prononcées.

Queue courte, bien forte, épaissie à son point d'attache au rameau, fixée dans une cavité profonde, un peu évasée et divisée par ses bords en des rudiments de côtes.

Chair blanche, assez fine, fondante, pierreuse vers le cœur, abondante en eau richement sucrée, vineuse et parfumée.

59

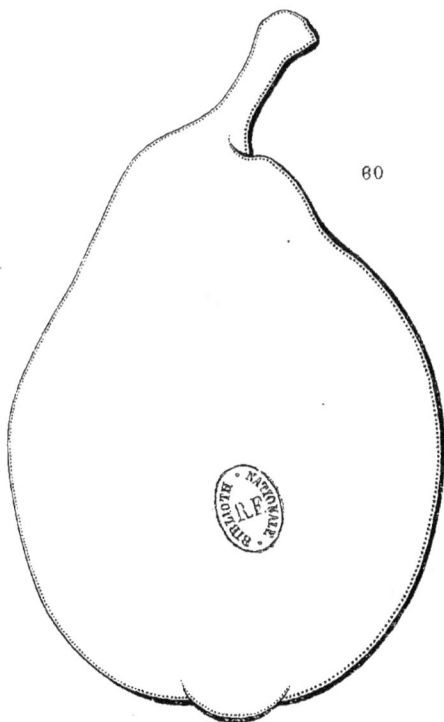

60

59, BERGAMOTTE DE ROE .   60, EMERALD.

Imp. A. Tournier, Lyon

Peinçeon Del.

EMERALD

(No 60)

The Fruits and the fruit-trees of America. DOWNING.
The fruit Manual. ROBERT HOGG.
The American fruit Culturist. THOMAS.
Handbuch aller bekannten Obstsorten. BIEDENFELD.
Dictionnaire de pomologie. ANDRÉ LEROY.

OBSERVATIONS. — Les auteurs cités supposent que cette variété fut intro-
duite en Amérique par Van Mons, qui en serait l'obtenteur. Je ne trouve
nulle trace de son origine dans les ouvrages des pomologistes belges et
allemands. Oberdieck indique, dans son *Anleitung des besten Obstes*, une
poire Esmerald, citée avant lui par Urbaneck ; s'agirait-il de la même
variété ? Son fruit est de premier mérite, mais l'arbre est peu fertile ;
elle ne peut donc être recommandée qu'aux amateurs.

DESCRIPTION.

Rameaux de moyenne force, un peu épaissis à leur sommet souvent surmonté
d'un bouton à fruit, un peu coudés à leurs entre-nœuds courts, d'un brun clair et à peine
teinté de rouge du côté du soleil ; lenticelles blanches, bien petites, nombreuses et
apparentes.

Boutons à bois gros, coniques, peu aigus, à direction peu écartée du rameau,
soutenus sur des supports saillants dont l'arête médiane se prolonge seule et très-faiblement ; écailles d'un marron rougeâtre bordé de gris blanchâtre.

Pousses d'été d'un vert très-clair et pâle, glabres sur toute leur longueur et non
colorées de rouge à leur sommet.

Feuilles des pousses d'été, les supérieures très-petites, les intermédiaires
moyennes, les inférieures extraordinairement larges ; les supérieures ovales-elliptiques, se
terminant un peu brusquement en une pointe un peu longue et bien aiguë, presque planes,
bordées de dents fines, peu profondes et bien aiguës ; les intermédiaires et les inférieures
ovales plus ou moins élargies, le plus souvent irrégulièrement partagées par leur nervure
médiane, se terminant un peu brusquement en une pointe assez courte et bien finement

aiguë, à peine concaves ou un peu repliées sur leur nervure médiane, bordées de dents larges, peu profondes, inégales entre elles et souvent obtuses ; toutes mal soutenues sur des pétioles longs, peu forts et flexibles.

Stipules longues, lancéolées, dentées.

Feuilles stipulaires se présentant quelquefois.

Boutons à fruit moyens, conico-ovoïdes, un peu aigus ; écailles d'un marron rougeâtre largement maculé de gris blanchâtre.

Fleurs moyennes ; pétales ovales, obtus à leur sommet, concaves, un peu colorés de rose avant l'épanouissement ; divisions du calice très-courtes, finement aiguës et redressées ; pédicelles de moyenne longueur, de moyenne force et un peu duveteux.

Feuilles des productions fruitières grandes, ovales-allongées et élargies, se terminant régulièrement sans pointe appréciable, bien creusées en gouttière et bien arquées, largement et peu profondément crénelées plutôt que dentées, bien soutenues sur des pétioles longs, forts, bien roides et bien dressés.

Caractère saillant de l'arbre : teinte générale du feuillage d'un vert vif et gai ; différence de proportions des feuilles des pousses d'été sensiblement remarquable ; aspect brillant de toutes les feuilles.

Fruit moyen, ovoïde-piriforme, tantôt court, tantôt un peu allongé, souvent irrégulier dans son contour et courbé sur sa longueur, atteignant sa plus grande épaisseur au-dessous du milieu de sa hauteur ; au-dessus de ce point, s'atténuant par une courbe d'abord à peine convexe, puis peu concave en une pointe peu longue, plus ou moins épaisse, tantôt obtuse et tantôt aiguë ; au-dessous du même point, s'arrondissant par une courbe largement convexe pour diminuer assez sensiblement d'épaisseur vers la cavité de l'œil.

Peau peu épaisse. d'abord d'un vert clair et assez vif semé de petits points d'un gris brun, nombreux, régulièrement espacés et peu apparents. On remarque aussi un peu de rouille dans la cavité de l'œil, et cette rouille se disperse en taches d'un brun fauve surtout du côté du soleil. A la maturité, **commencement d'hiver,** le vert fondamental passe au jaune conservant toujours une teinte un peu verdâtre et le côté du soleil se distingue par un ton un peu plus chaud.

Œil grand, demi-ouvert ou presque fermé, presque saillant dans une cavité étroite, très-peu profonde et parfois un peu plissée dans ses parois.

Queue de moyenne longueur et de moyenne force, un peu boutonnée à son point d'attache au rameau, attachée presque perpendiculairement à fleur de la pointe du fruit.

Chair blanche, fine, fondante, un peu pierreuse vers le cœur, abondante en eau sucrée, vineuse, acidulée et relevée d'un léger parfum de musc.

TURBAN

(N° 61)

Catalogue. Bivort. 1851-1852.
Bulletin de la Société Van Mons. 1864-1865.

Observations. — Cette variété, que j'ai reçhe, il y a une vingtaine d'années, de M. Bivort, est seulement mentionnée dans son catalogue de 1851-1852 et dans le *Bulletin* de la Société Van Mons. Je n'ai trouvé sur son origine aucun renseignement dans les ouvrages de pomologie que j'ai pu consulter. Pourquoi est-elle tombée dans l'oubli ? elle est aussi méritante que bien des variétés propagées depuis quelques années. — L'arbre est vigoureux sur cognassier aussi bien que sur franc, mais sa disposition à pousser en buisson le rend peu propre aux formes régulières ; aussi sa meilleure destination est la mi-tige sur cognassier et la haute tige sur franc. Il est un peu tardif au rapport, mais sa rusticité lui assure ensuite une fertilité constante. Son fruit précoce, de jolie apparence, de bonne qualité, m'engage à la recommander pour la culture dans le verger.

DESCRIPTION.

Rameaux de moyenne force, très-fluets à leur partie supérieure, finement anguleux dans leur contour, un peu flexueux, à entre-nœuds de moyenne longueur, d'un rouge sanguin vif ; lenticelles blanchâtres, petites, assez nombreuses et peu apparentes.

Boutons à bois moyens, coniques, un peu renflés sur le dos et peu aigus, appliqués ou presque appliqués au rameau, parfois sensiblement éperonnés vers sa partie inférieure et alors à direction bien écartée ; écailles d'un marron rougeâtre très-foncé et presque entièrement recouvertes de gris blanchâtre.

Pousses d'été d'un vert teinté de rouge, soit à leur base, soit à leur sommet couvert d'un duvet cotonneux.

Feuilles des pousses d'été petites, obovales, se terminant très-brusquement en une pointe très-courte et bien fine, un peu repliées sur leur nervure médiane et quelquefois largement ondulées dans leur contour, bordées de dents larges et profondes, assez irrégulièrement soutenues sur des pétioles de moyenne longueur, bien grêles, tantôt redressés, tantôt presque horizontaux.

Stipules de moyenne longueur, presque filiformes.

Feuilles stipulaires ne manquant presque jamais.

Boutons à fruit assez petits, conico-ovoïdes, un peu allongés et un peu aigus ; écailles d'un marron rougeâtre peu foncé.

Fleurs très-petites ; pétales arrondis, concaves, entièrement blancs avant l'épanouissement ; pédicelles très-courts et un peu cotonneux.

Feuilles des productions fruitières plus grandes que celles des pousses d'été, très-allongées, étroites, sensiblement atténuées vers le pétiole, un peu creusées en gouttière et arquées, bordées de dents très-espacées et manquant souvent, assez peu soutenues sur des pétioles de moyenne longueur, assez grêles et redressés.

Caractère saillant de l'arbre : teinte générale du feuillage d'un vert d'eau peu foncé ; pousses d'été émettant des dards anticipés sur une grande partie de leur longueur ; feuilles stipulaires très-fréquentes ; tous les pétioles grêles.

Fruit presque moyen, turbiné-sphérique, ordinairement un peu déformé dans son contour par des côtes inégales entre elles, atteignant sa plus grande épaisseur peu au-dessous du milieu de sa hauteur ; au-dessus de ce point, s'atténuant brusquement par une courbe d'abord largement convexe puis un peu concave en une pointe courte, épaisse, largement obtuse ou tronquée à son sommet ; au-dessous du même point, s'arrondissant par une courbe largement convexe jusque dans la cavité de l'œil.

Peau assez fine, d'abord d'un vert clair semé de points très-larges, d'un vert plus foncé. Une rouille d'un brun clair se disperse en traits ou tavelures sur sa surface, se condense sur le sommet du fruit et forme une large tache couvrant sa base et la cavité de l'œil. A la maturité, **août,** le vert fondamental passe au jaune paille et le côté du soleil se lave d'un jaune orangé.

Œil petit, à divisions fines, jaunâtres, comprimé dans une cavité étroite et profonde dont les bords se divisent en côtes qui se prolongent sur la hauteur du fruit.

Queue extraordinairement courte, très-épaisse, charnue, attachée dans un pli peu prononcé formé par la pointe du fruit.

Chair d'un blanc un peu veiné de jaune, bien fine, bien fondante, entièrement dépourvue de pierres, abondante en eau douce, sucrée et délicatement parfumée.

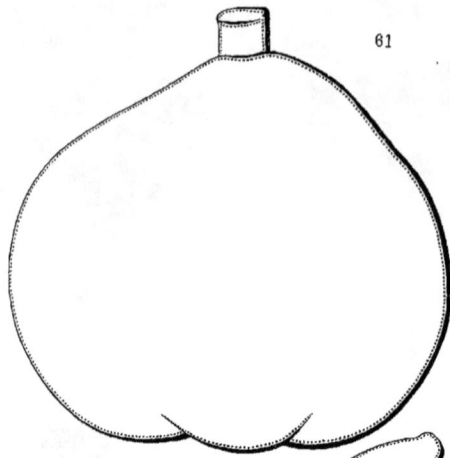

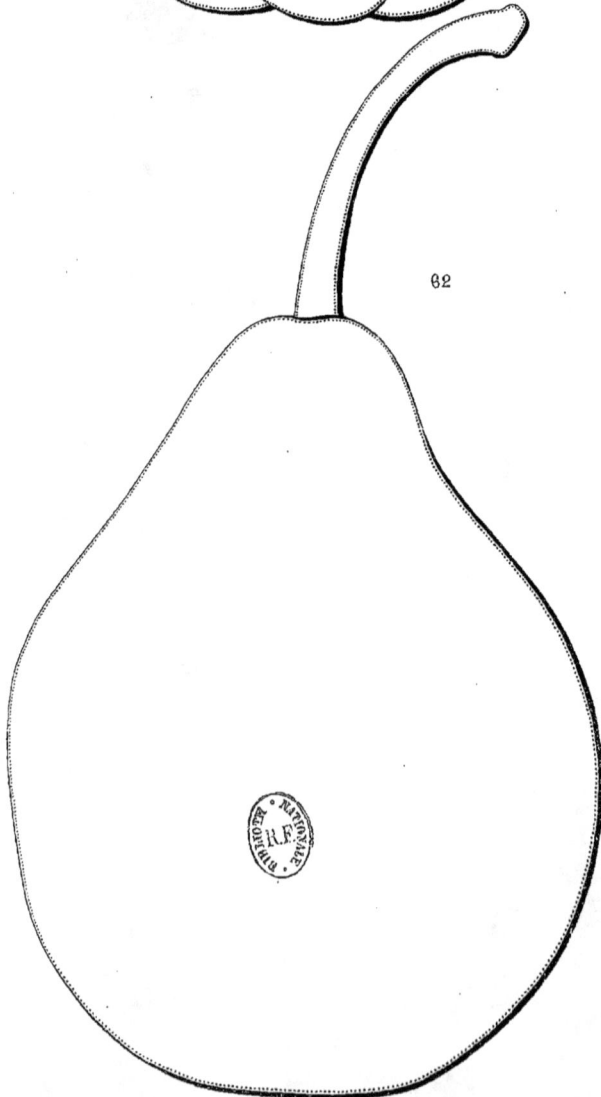

61, TURBAN.   62, GÉNÉRAL TOTTLEBEN.

Imp. A. Tournier, Lyon

GÉNÉRAL TOTTLEBEN

(N° 62)

Annales de pomologie belge. BIVORT.
Revue horticole. BALTET. 1865.
Congrès pomologique de France.
Les fruits du Jardin Van Mons. BIVORT.
The fruit Manual. ROBERT HOGG.
Dictionnaire de pomologie. ANDRÉ LEROY.
The Fruits and the fruit–trees of America. DOWNING.
TOTLEBEN. *Pomone Tournaisienne.* DU MORTIER.

OBSERVATIONS. — D'après M. Du Mortier, cette variété, obtenue par M. Fontaine de Ghelin, fut couronnée par la Société de Tournay, le 15 octobre 1842, sous le nom de Léopold Ier, et dep is propagée sous celui de Général Tottleben. — L'arbre est d'une vigueur modérée, aussi bien sur franc que sur cognassier, et se prête facilement à la forme pyramidale. Sa fertilité est moyenne et soutenue. Son fruit, dont la qualité est variable, suivant le sol et la saison, acquiert, dans les années chaudes, une saveur vraiment agréable et qui, réunie à sa beauté, la rend bien digne de la culture.

DESCRIPTION.

Rameaux de moyenne force, anguleux dans leur contour, presque droits, à entre-nœuds courts, jaunâtres et recouverts à leur sommet d'une pellicule blanchâtre ; lenticelles blanchâtres, petites, peu nombreuses et très-peu apparentes.

Boutons à bois moyens ou assez petits, coniques, un peu renflés sur le dos et aigus, à direction presque parallèle au rameau, soutenus sur des supports peu saillants dont les côtés et l'arête médiane se prolongent bien distinctement ; écailles presque entièrement recouvertes de gris blanchâtre.

Pousses d'été d'un vert très-pâle, à peine lavées de rouge clair et presque glabres à leur sommet.

Feuilles des pousses d'été moyennes, ovales-elliptiques et élargies, se terminant brusquement en une pointe longue et aiguë, concaves, un peu irrégulièrement bordées de dents peu profondes et émoussées, assez mal soutenues sur des pétioles de moyenne longueur, grêles et flexibles.

Stipules de moyenne longueur, filiformes, très-caduques. .

Feuilles stipulaires fréquentes.

Boutons à fruit assez gros, conico-ovoïdes, allongés, un peu maigres et aigus ; écailles d'un marron rougeâtre.

Fleurs moyennes ; pétales elliptiques-arrondis, concaves, à onglet très-court, se touchant un peu entre eux ; divisions du calice longues, finement aiguës et bien recourbées en dessous ; pédicelles de moyenne longueur, de moyenne force et un peu duveteux.

Feuilles des productions fruitières plus grandes que celles des pousses d'été, elliptiques-arrondies, se terminant un peu brusquement en une pointe courte, repliées sur leur nervure médiane ou creusées en gouttière, régulièrement bordées de dents très-peu profondes et peu aiguës, assez mal soutenues sur des pétioles très-longs, grêles et flexibles.

Caractère saillant de l'arbre : les jeunes feuilles d'un vert jaune ; les feuilles adultes d'un vert clair ; aspect lisse de tous les organes de l'arbre.

Fruit gros ou très-gros, ovoïde-piriforme et dont le ventre bien renflé est souvent plus convexe d'un côté que de l'autre, uni dans son contour, atteignant sa plus grande épaisseur, tantôt plus, tantôt moins au-dessous du milieu de sa hauteur ; au-dessus de ce point, s'atténuant par une courbe d'abord largement convexe, puis largement concave et parfois entièrement convexe en une pointe un peu longue, maigre et presque aiguë à son sommet ; au-dessous du même point, s'atténuant par une courbe largement convexe pour diminuer un peu sensiblement d'épaisseur vers la cavité de l'œil.

Peau un peu épaisse et ferme, d'abord d'un vert clair et gai semé de points très-petits, d'un vert plus foncé et assez peu apparents. Une rouille d'un brun fauve couvre ordinairement la cavité de l'œil et se disperse parfois sur la surface du fruit. A la maturité, **fin de septembre, octobre,** le vert fondamental passe au jaune verdâtre, et sur les fruits bien exposés, le côté du soleil est légèrement lavé et moucheté de rouge brique.

Œil grand, ouvert, placé dans une cavité étroite, peu profonde, un peu évasée et ordinairement régulière par ses bords.

Queue très-longue, forte, épaissie à son point d'attache au rameau, courbée ou contournée, attachée dans un pli prononcé formé par la pointe du fruit.

Chair bien blanche, assez fine, fondante, à peine pierreuse vers le cœur, abondante en eau sucrée, vineuse, relevée, constituant un fruit de bonne qualité.

BROUGHAM

(N° 63)

The fruit Manual. Robert Hogg.
The Fruits and the fruit-trees of America. Downing.
BEURRÉ BROUGHAM. *Dictionnaire de pomologie.* André Leroy.

Observations. — D'après M. André Leroy, cette variété aurait été obtenue vers 1831 ou 1832 par M. Knight, ancien président de la Société d'horticulture de Londres. — L'arbre est d'une végétation insuffisante sur cognassier et sa végétation irrégulière se plie plus facilement à la forme de vase qu'à celle de pyramide dont la flèche conserve difficilement la prépondérance qui lui est nécessaire. Sa rusticité est grande et sa fertilité soutenue. Son fruit, seulement de seconde qualité, est d'une maturation assez prolongée.

DESCRIPTION.

Rameaux peu forts, très-finement anguleux dans leur contour, à peine flexueux, à entre-nœuds inégaux entre eux, d'un brun un peu rougeâtre ; lenticelles blanchâtres, extraordinairement petites, rares et très-peu apparentes.

Boutons à bois petits, coniques, courts et épais, courtement aigus, à direction un peu écartée du rameau, soutenus sur des supports saillants dont l'arête médiane se prolonge finement ; écailles d'un marron presque noir et finement bordé de gris blanchâtre.

Pousses d'été d'un vert terne, colorées de rouge et duveteuses à leur sommet.

Feuilles des pousses d'été petites, obovales-elliptiques ou obovales-arrondies, se terminant peu brusquement en une pointe courte et finement aiguë, un peu repliées sur leur nervure médiane et un peu arquées, bordées de dents écartées, très-peu profondes et émoussées, soutenues horizontalement sur des pétioles de moyenne longueur, grêles et un peu redressés.

Stipules bien courtes et bien fines, très-caduques.

Feuilles stipulaires assez fréquentes.

Boutons à fruit moyens, ovoïdes, un peu courts et aigus ; écailles d'un marron bien foncé et brillant.

Fleurs moyennes ; pétales ovales-arrondis, peu concaves, un peu roses avant l'épanouissement ; divisions du calice très-étroites et étalées ; pédicelles de moyenne longueur et très-grêles.

Feuilles des productions fruitières assez grandes, exactement elliptiques, se terminant en une pointe inappréciable ou souvent obtuses à leur extrémité, à peine concaves, entières par leurs bords, s'abaissant sur des pétioles courts, grêles et divergents.

Caractère saillant de l'arbre : teinte générale du feuillage d'un vert bleu intense et brillant ; feuilles des productions fruitières remarquablement elliptiques et souvent nullement acuminées.

Fruit moyen, presque sphérique, parfois cependant paraissant un peu plus haut que large, bien uni dans son contour, atteignant sa plus grande épaisseur à peu près au milieu de sa hauteur ; au-dessus et au-dessous de ce point, s'arrondissant per des courbes presque de même longueur et presque également convexes, s'atténuant cependant un peu plus du côté de la queue et s'aplatissant un peu autour de la cavité de l'œil.

Peau un peu épaisse et cependant tendre, d'abord d'un vert pâle semé de points d'un brun foncé, assez larges, bien régulièrement espacés et apparents. On remarque des traces d'une rouille brune dans la cavité de l'œil et sur ses bords, mais rarement sur la surface du fruit. A la maturité, **octobre,** le vert fondamental passe au jaune blanchâtre mat et le côté du soleil, sur les fruits bien exposés, se couvre de points d'un gris rougeâtre ou d'un gris doré.

Œil grand, demi-ouvert, à divisions dressées, placé dans une cavité régulière, peu profonde, évasée et unie par ses bords.

Queue longue, droite, forte, bien épaissie à son point d'attache à fleur du sommet du fruit ou dans une dépression très-peu sensible.

Chair blanchâtre, demi-fine, un peu ferme, beurrée, suffisante en eau sucrée, acidulée, vineuse et peu parfumée. ·

63

64

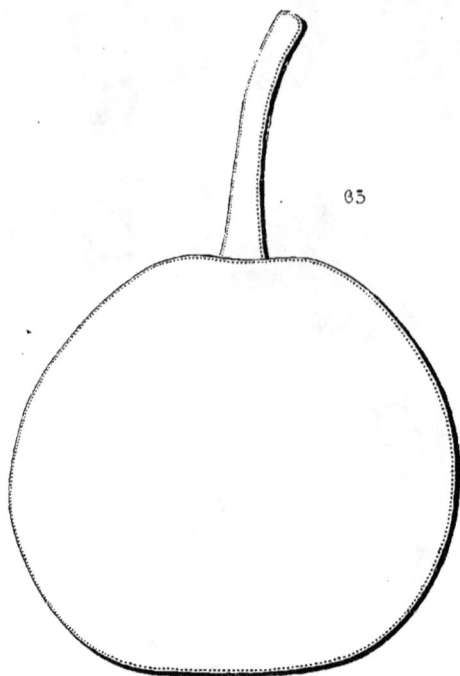

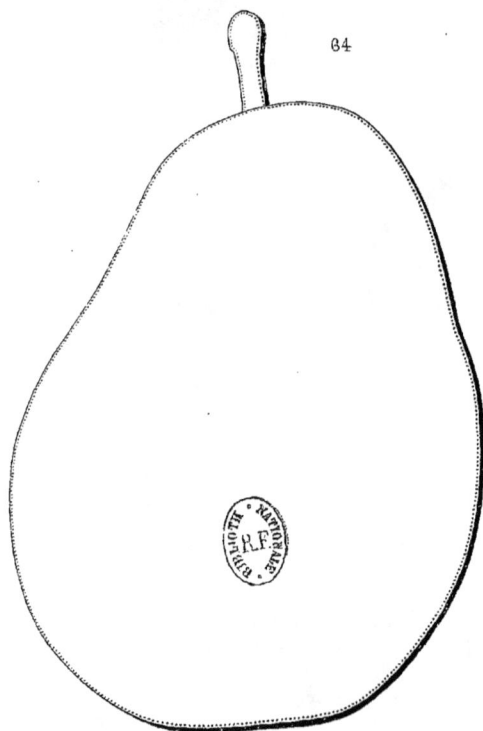

63, BROUGHAM.   64, DÉLICES DE HUY.

Imp.A.Tournier à Lyon

DÉLICES DE HUY

(N° 64)

Catalogue. Simon Louis, de Metz.
Catalogue. Galopin, de Liége. 1863-1864.

Observations. — Cette variété serait-elle originaire des environs de la petite ville de Hui ou Huy, près de Liége, Belgique? je n'ai pu obtenir aucun renseignement certain sur le lieu où elle a été produite. Je me réunis à M. Galopin, de Liége, pour affirmer qu'elle est entièrement différente de la variété Délices d'Hardenpont à laquelle M. Willermoz a cru pouvoir l'assimiler. Une simple inspection de l'arbre fait immédiatement cesser toute espèce de doute à cet égard. Le seul rapport de ressemblance qui existe entre ces deux variétés est dans la qualité de leurs fruits, et aussi je m'étonne que la réputation de la Délices de Huy ne se soit pas déjà plus répandue. — L'arbre, d'une bonne végétation sur cognassier, se prête facilement aux formes régulières, pyramide ou vase. Sa fertilité n'est pas très-précoce mais elle reste par la suite bonne et soutenue.

DESCRIPTION.

Rameaux peu forts, très-finement anguleux dans leur contour, un peu flexueux, à entre-nœuds courts, d'un jaune verdâtre ; lenticelles très-fines et un peu allongées, assez nombreuses et très-peu apparentes.

Boutons à bois moyens, coniques-allongés, aigus, à direction bien écartée du rameau, soutenus sur des supports un peu saillants dont l'arête médiane se prolonge très-finement ; écailles d'un marron foncé et brillant.

Pousses d'été d'un vert vif, colorées d'un rouge intense et peu duveteuses à leur sommet.

Feuilles des pousses d'été petites, ovales-elliptiques, allongées et étroites ou simplement ovales, se terminant régulièrement en une pointe courte, repliées sr leur nervure médiane et bien recourbées en dessous par leur pointe, bordées de dents écartées, très-peu profondes et émoussées, soutenues à peu près horizontalement sur des pétioles de moyenne longueur, un peu redressés et un peu flexibles.

Stipules longues, linéaires, très-étroites.

Feuilles stipulaires très-fréquentes.

Boutons à fruit petits, conico-ovoïdes, courts et émoussés ; écailles d'un marron foncé et largement maculé de gris blanchâtre.

Fleurs moyennes ; pétales ovales ou ovales-elliptiques, peu concaves, à onglet long, écartés entre eux ; divisions du calice de moyenne longueur et annulaires ; pédicelles courts, grêles et à peine duveteux.

Feuilles des productions fruitières assez grandes, tantôt ovales-allongées, tantôt ovales-élargies, se terminant régulièrement en une pointe courte et bien recourbée en dessous, souvent un peu convexes et ondulées dans leur contour, entières ou presque entières par leurs bords, très-mal soutenues sur des pétioles longs, grêles et très-flexibles.

Caractère saillant de l'arbre : teinte générale du feuillage d'un vert d'eau foncé ; feuilles stipulaires nombreuses et bien développées ; feuilles des productions fruitières le plus souvent ondulées dans leur contour et mollement soutenues sur leurs pétioles.

Fruit gros, conique-piriforme, parfois un peu déformé dans son contour, atteignant sa plus grande épaisseur bien près de sa base ; au-dessus de ce point, s'atténuant par une courbe à peine convexe, ou d'abord à peine convexe, puis à peine concave en une pointe plus ou moins longue, épaisse et bien obtuse à son sommet ; au-dessous du même point, s'arrondissant par une courbe largement convexe jusque dans la cavité de l'œil.

Peau mince, tendre, d'abord d'un vert décidé semé de petits points d'un gris vert, nombreux, régulièrement espacés et peu apparents. On remarque parfois un peu de rouille dans la cavité de l'œil. A la maturité, **septembre,** le vert fondamental s'éclaircit seulement un peu en jaune et le côté du soleil est à peine reconnaissable à un ton un peu plus chaud.

Œil grand, ouvert ou demi-ouvert, à divisions courtes, recourbées en dehors, placé dans une cavité un peu profonde, un peu évasée, souvent peu profondément plissée dans ses parois et par ses bords.

Queue courte, peu forte, bien ligneuse, bien roide, attachée, tantôt entre des plis charnus formés par la pointe du fruit, tantôt à fleur de cette pointe un peu repoussée de côté.

Chair d'un jaune verdâtre, fine, fondante, abondante en eau sucrée, agréablement parfumée, constituant un fruit vraiment savoureux.

TRIOMPHE DE LA POMOLOGIE

(N° 65)

Catalogue. DE JONGHE. 1854.
Handbuch aller bekannten Obstsorten. BIEDENFELD.
Catalogue. PAPELEU. 1855-1856.
Catalogue. NARCISSE GAUJARD. 1862-1863.

OBSERVATIONS. — Cette variété serait-elle un gain de M. de Jonghe, de Bruxelles, comme semble l'indiquer M. Gaujard dans son catalogue? Ce que nous pouvons affirmer, c'est qu'elle a été confondue, à tort, par quelques pomologistes, avec l'ancien Sucré vert. Les arbres des deux variétés ont quelques rapports dans leur facies général, mais si l'on étudie avec attention, surtout les organes de la fructification, le bouton à fruit, la fleur et le fruit, on est bientôt convaincu qu'elles sont bien distinctes. La qualification de Triomphe de la Pomologie est un peu exagérée pour un fruit de bonne qualité, il est vrai, mais dont la chair quoique fine et savoureuse est trop sujette à blettir pour qu'il puisse être considéré comme de premier mérite. — L'arbre est d'une végétation régulière, suffisante sur cognassier et s'accommode facilement de toutes formes. Greffé sur franc, il convient aussi pour la haute tige dans le verger.

DESCRIPTION.

Rameaux assez forts, presque unis dans leur contour, droits, à entre-nœuds inégaux entre eux, bruns du côté de l'ombre et un peu teintés de rouge du côté du soleil ; lenticelles blanchâtres, un peu allongées, bien régulièrement espacées, peu larges et cependant bien apparentes.

Boutons à bois petits, coniques, bien élargis à leur base, comprimés, peu aigus, à direction parallèle au rameau auquel ils sont presque appliqués ; écailles d'un marron terne.

Pousses d'été d'un vert jaune, peu colorées de rouge à leur sommet couvert d'un duvet blanc, soyeux, court et épais.

Feuilles des pousses d'été à peine moyennes ou petites, ovales-arrondies, se terminant brusquement en une pointe longue et bien recourbée, bien repliées sur leur nervure médiane et sensiblement arquées, à moitié bordées de dents irrégulières, peu profondes et émoussées, bien soutenues sur des pétioles de moyenne longueur, forts et bien redressés.

Stipules de moyenne longueur, lancéolées, bien élargies, souvent en forme de flammes.

Feuilles stipulaires manquant toujours.

Boutons à fruit petits, conico-ovoïdes, courts et peu aigus, écailles d'un marron clair.

Fleurs petites ; pétales arrondis, concaves, blancs avant l'épanouissement ; divisions du calice courtes ; pédicelles de moyenne longueur, grêles et un peu cotonneux.

Feuilles des productions fruitières ovales-elliptiques, se terminant un peu brusquement en une pointe courte, souvent convexes et bien arquées, entières par leurs bords, bien soutenues sur des pétioles longs, grêles et cependant peu flexibles.

Caractère saillant de l'arbre : teinte générale du feuillage d'un vert intense sur lequel tranche bien la nervure médiane blanche des feuilles ; toutes les feuilles remarquablement arquées ; celles des productions fruitières le plus souvent concaves.

Fruit à peine moyen, sphérico-ovoïde, bien uni dans son contour, atteignant sa plus grande épaisseur plus ou moins au-dessous du milieu de sa hauteur ; au-dessus de ce point, s'atténuant brusquement par une courbe largement convexe pour s'arrondir du côté de la queue ; au-dessous du même point, s'atténuant par une courbe plus courte et plus convexe pour s'aplatir ensuite autour de la cavité de l'œil.

Peau fine et tendre, d'abord d'un vert d'eau peu foncé semé de points bruns, un peu larges, un peu saillants et bien apparents. Une rouille de couleur canelle, épaisse, rude au toucher, se disperse irrégulièrement sur sa surface et se condense de préférence sur le côté du soleil et sur la base du fruit. A la maturité, **fin de septembre,** le vert fondamental passe au jaune blanchâtre et la rouille se dore peu.

Œil grand, ouvert, à divisions minces, fragiles, restant quelquefois vertes, laissant apercevoir les étamines persistantes, placé dans une dépression large, aplatie dans son fond et légèrement sillonnée dans ses parois.

Queue de moyenne longueur, peu forte, ligneuse, bien ferme, peu courbée, un peu charnue à son point d'attache à fleur du sommet du fruit.

Chair d'un blanc jaunâtre, bien fine, entièrement fondante, suffisante en eau sucrée et agréablement parfumée, et dont la qualité doit être assurée par une cueillette anticipée.

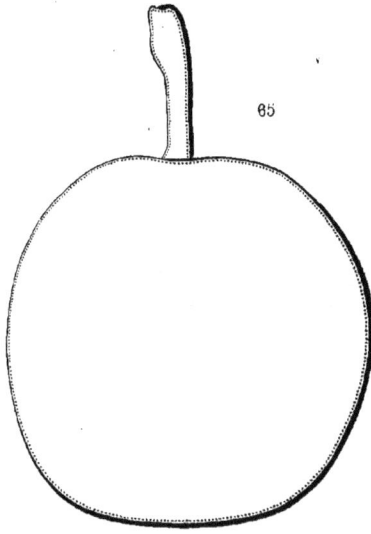

65

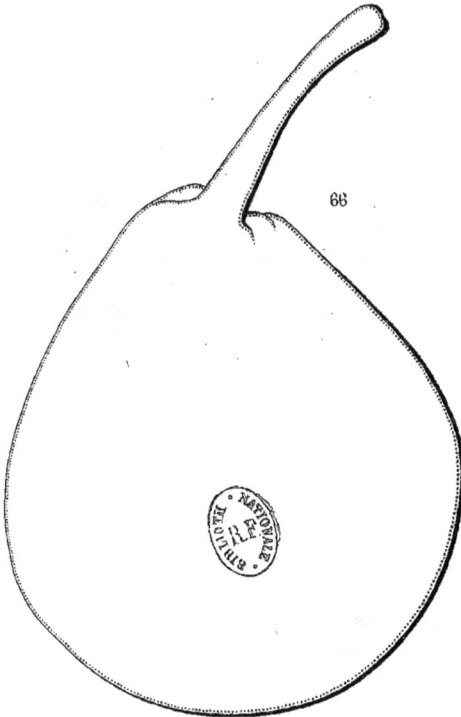

66

65 , TRIOMPHE DE LA POMOLOGIE.   66 , ROUSSELON

Imp. A. Tournier, Lyon.

Peingeon Del.ᵗ

ROUSSELON

(N° 66)

Horticulteur français. OSCAR LESCUYER.
Bulletin de la Société VAN MONS.
Annales de pomologie belge. BIVORT.
The Fruits and the fruit-trees of America. DOWNING.
Illustrirtes Handbuch der Obstkunde. JAHN.
Dictionnaire de pomologie. ANDRÉ LEROY.

OBSERVATIONS.— Cette variété est un semis du Major Esperen, de Malines, et rapporta pour la première fois en 1846. Son premier descripteur fut M. Berckmans, qui la dédia à M. Rousselon, de Paris, ancien rédacteur des *Annales de Flore et de Pomone* et en confia la propagation à M. Dupuy-Jamain, pépiniériste. Sa végétation est bonne sur cognassier, mais elle semble mieux s'accommoder de la forme de vase que de celle de pyramide. Son bois fort, roide, se prête bien aussi, par sa disposition à émettre régulièrement des productions fruitières solides, à l'établissement de fuseaux d'une bonne durée.

DESCRIPTION.

Rameaux assez forts, très-obscurément anguleux dans leur contour, bien flexueux, à entre-nœuds très-inégaux entre eux, d'un jaune verdâtre; lenticelles blanchâtres, assez larges, nombreuses et apparentes.

Boutons à bois assez gros, coniques, un peu aigus, à direction un peu écartée du rameau, soutenus sur des supports saillants dont l'arête médiane se prolonge seule et faiblement; écailles d'un marron clair, largement maculé de gris blanchâtre.

Pousses d'été d'un vert décidé, colorées d'un rouge sanguin vif et peu duveteuses à leur sommet.

Feuilles des pousses d'été petites, obovales, se terminant très-brusquement en une pointe très-courte, peu repliées sur leur nervure médiane et recourbées seulement par leur pointe, bordées de dents régulières et un peu aiguës, retombant un peu sur des pétioles assez longs, un peu forts et cependant flexibles et recourbés.

Stipules de moyenne longueur, en forme d'alènes fines.

Feuilles stipulaires fréquentes.

Boutons à fruit gros, coniques, un peu allongés, un peu renflés et un peu aigus ; écailles d'un marron clair.

Fleurs moyennes ; pétales obovales-arrondis, blancs avant l'épanouissement ; divisions du calice de moyenne longueur, étalées et recourbées seulement par leur pointe ; . pédicelles assez courts et forts.

Feuilles des productions fruitières plus grandes que celles des pousses d'été, ovales-elliptiques et allongées, se terminant brusquement en une pointe courte, très-peu repliées sur leur nervure médiane et non arquées, très-régulièrement bordées de dents très-fines et aiguës, assez bien soutenues sur des pétioles longs, forts et divergents.

Caractère saillant de l'arbre : feuilles des productions fruitières d'un beau vert, très-épaisses, consistantes, comme vernissées, remarquables par leur denture très-fine et par leur nervure médiane large et presque blanche.

Fruit moyen ou presque moyen, ovoïde ou sphérico-ovoïde, inconstant dans sa forme et parfois un peu irrégulier dans son contour, atteignant sa plus grande épaisseur bien au-dessous du milieu de sa hauteur ; au-dessus de ce point, s'arrondissant par une courbe largement convexe jusque vers la queue ou s'atténuant en une pointe peu longue, épaisse et tronquée à son sommet ; au-dessous du même point, s'arrondissant promptement par une courbe bien convexe jusque dans la cavité de l'œil.

Peau un peu épaisse et cependant tendre, d'abord d'un vert très-clair et jaunâtre semé de points bruns, un peu larges, assez nombreux et irrégulièrement espacés. Une large tache d'une rouille fauve couvre la cavité de l'œil et s'étend souvent sur une partie de la base du fruit. A la maturité, **courant d'hiver,** le vert fondamental passe au jaune citron clair et le côté du soleil est doré ou lavé d'un peu de rouge carminé.

Œil grand, ouvert, à divisions remarquablement larges, placé dans une cavité peu profonde et bien évasée.

Queue courte ou de moyenne longueur, tantôt presque grêle, tantôt un peu forte et toujours boutonnée à son point d'attache au rameau, tantôt insérée perpendiculairement dans une petite cavité irrégulière, tantôt obliquement attachée à fleur de la pointe recourbée du fruit.

Chair d'un blanc jaunâtre, fine, beurrée, fondante, suffisante en eau bien sucrée, relevée et agréablement parfumée.

BEURRÉ CITRON

(N° 67)

Album de pomologie. BIVORT.
The Fruits and the fruit-trees of America. DOWNING.
The fruit Manual. ROBERT HOGG.

OBSERVATIONS. — D'après M. Bivort, cette variété serait un semis de Van Mons adressé à M.Bouvier, qui la baptisa ainsi probablement pour la forme et la couleur de son fruit. M. André Leroy la considère comme identique à la variété Général de Lamoricière, que j'ai reçue effectivement, il y a quelques années, de ses pépinières sous le nom de Beurré Citron, mais le vrai Beurré Citron que je tiens de M. Bivort est bien différent, comme il est facile de le constater à la description que je vais en donner.— L'arbre, presque aussi vigoureux sur cognassier que sur franc, est disposé à buissonner, fait attendre longtemps son rapport qui n'est même pas abondant par la suite. Son fruit, de peu de valeur, n'a que le mérite d'une maturité tardive.

DESCRIPTION.

Rameaux peu forts, un peu anguleux dans leur contour, flexueux, à entre-nœuds remarquablement longs, d'un rougeâtre peu foncé et ombré de gris ; lenticelles blanchâtres, un peu larges, un peu allongées, assez peu nombreuses et un peu apparentes.

Boutons à bois petits, coniques, aigus, à direction un peu écartée du rameau vers lequel ils se recourbent par leur pointe, soutenus sur des supports renflés dont l'arête médiane se prolonge très-finement ; écailles d'un marron noirâtre et largement maculées de gris blanchâtre.

Pousses d'été d'un vert brun à leur base, colorées de rouge et duveteuses à leur sommet.

Feuilles des pousses d'été moyennes, ovales-étroites ou ovales un peu élargies et bien atténuées à leurs deux extrémités, bien repliées sur leur nervure médiane et peu arquées, irrégulièrement bordées de dents fines et très-peu profondes, assez peu soutenues sur des pétioles longs, grêles, tantôt horizontaux, tantôt un peu redressés.

Stipules courtes, filiformes.

Feuilles stipulaires fréquentes.

Boutons à fruit moyens, conico-ovoïdes, maigres, allongés et finement aigus ; écailles d'un marron foncé.

Fleurs petites ; pétales ovales, obtus ou un peu arrondis à leur sommet, peu concaves ; divisions du calice de moyenne longueur, finement aiguës et étalées ; pédicelles courts, peu forts et peu duveteux.

Feuilles des productions fruitières plus grandes que celles des pousses d'été, ovales bien allongées, repliées sur leur nervure médiane, contournées sur leur longueur et un peu arquées, bordées de dents presque inappréciables, bien soutenues sur des pétioles longs, grêles, roides et dressés.

Caractère saillant de l'arbre : teinte générale du feuillage d'un vert clair ; rameaux fluets et très-disposés à produire des dards anticipés.

Fruit moyen, ovoïde, un peu allongé, ordinairement uni dans son contour, atteignant sa plus grande épaisseur bien au-dessous du milieu de sa hauteur ; au-dessus de ce point, s'atténuant par une courbe à peine convexe ou à peine concave en une pointe peu longue et bien obtuse ; au-dessous du même point, s'atténuant par une courbe largement convexe pour diminuer sensiblement d'épaisseur vers la cavité de l'œil.

Peau un peu épaisse, d'abord d'un vert clair semé de très-petits points à peine visibles. Rarement on remarque quelques traces de rouille sur sa surface. A la maturité, **janvier et fin d'hiver**, le vert fondamental passe au jaune citron clair et le côté du soleil est indiqué seulement par un ton un peu plus chaud.

Œil moyen, ouvert ou demi-ouvert, à divisions fermes et dressées, placé dans une cavité très-peu profonde et régulière.

Queue de moyenne longueur, parfois un peu charnue, un peu épaissie à son point d'attache au rameau et semblant former la continuation de la pointe du fruit.

Chair blanche, fine, cassante, suffisante en eau peu sucrée, acidulée, même souvent trop acide et sans parfum appréciable.

68

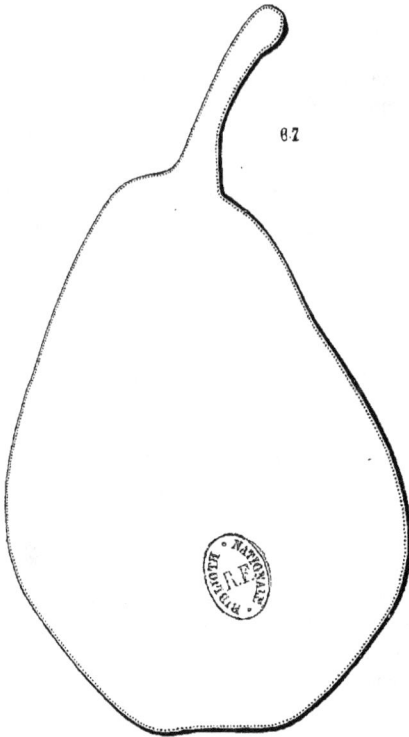

67

67, BEURRÉ CITRON. 68, BEURRÉ DUMONT

Imp.A.Tournier, Lyon

Peingeon Del.

BEURRÉ DUMONT

(N° 68)

Annales de pomologie belge. BIVORT.
The Fruits and the fruit-trees of America. DOWNING.
Dictionnaire de pomologie. ANDRÉ LEROY.
Pomone Tournaisienne. DU MORTIER.

OBSERVATIONS. — Cette variété fut obtenue par M. Dumont-Dachy, jardinier au château de M. le baron de Joigny, à Esquelines, près Tournai, et la Société d'horticulture de cette ville, à son premier rapport en 1833, reconnut le mérite de son fruit et le couronna. — L'arbre, d'une vigueur normale sur cognassier, se prête facilement surtout à la forme pyramidale. Sa fertilité est bonne, et son fruit, de maturation assez prolongée, peut être recommandé comme de première qualité.

DESCRIPTION.

Rameaux peu forts, anguleux dans leur contour, presque droits, à entre-nœuds de moyenne longueur, de couleur jaunâtre ; lenticelles très-petites et extraordinairement rares.

Boutons à bois petits, coniques, finement aigus, à direction écartée du rameau, soutenus sur des supports saillants dont les côtés et l'arête médiane se prolongent distinctement ; écailles d'un marron presque noir, brillant et bordé de gris argenté.

Pousses d'été d'un vert vif, colorées de rouge et duveteuses à leur sommet.

Feuilles des pousses d'été moyennes, exactement ovales, se terminant régulièrement en une pointe courte et finement aiguë, convexes par leurs côtés et à peine repliées sur leur nervure médiane, entières ou bordées de dents inappréciables, s'abaissant sur des pétioles de moyenne longueur, de moyenne force et presque horizontaux.

Stipules longues, linéaires-étroites et finement aiguës.

Feuilles stipulaires assez fréquentes.

Boutons à fruit petits, coniques, maigres et aigus ; écailles d'un marron extraordinairement foncé.

Fleurs moyennes ; pétales ovales-élargis, un peu concaves, un peu écartés entre eux, d'un rose vif avant l'épanouissement ; divisions du calice de moyenne longueur, brusquement atténuées en une pointe courte et fine, étalées ; pédicelles courts, forts, bien colorés de rouge et peu duveteux.

Feuilles des productions fruitières moyennes, ovales, parfois un peu allongées, se terminant régulièrement en une pointe courte, à peine repliées sur leur nervure médiane et souvent même un peu convexes par leurs côtés, entières, assez mal soutenues sur des pétioles un peu longs, grêles et divergents.

Caractère saillant de l'arbre : teinte générale du feuillage d'un vert un peu jaune ; nervure médiane des feuilles souvent colorée de rouge ; toutes les feuilles un peu convexes et entières ou presque entières par leurs bords.

Fruit gros ou assez gros, inconstant dans sa forme, ovoïde, court et épais ou cylindrico-ovoïde, souvent irrégulier dans son contour, atteignant sa plus grande épaisseur peu au-dessous du milieu de sa hauteur; au-dessus de ce point, s'atténuant à peine par une courbe peu convexe en une pointe très-épaisse et irrégulièrement tronquée à son sommet ; au-dessous du même point, s'arrondissant par une courbe très-largement convexe jusque dans la cavité de l'œil.

Peau épaisse, d'abord d'un vert décidé, très-irrégulièrement semé de petits points d'un gris brun, peu apparents, se confondant souvent avec de légères traces de rouille qui se condensent ordinairement dans la cavité de l'œil et parfois sur le sommet du fruit. A la maturité, **octobre**, le vert fondamental passe au jaune citron intense sur lequel les points deviennent plus apparents et le côté du soleil chaudement doré est moucheté de points d'un brun rouge, serrés et un peu saillants.

Œil très-grand, ouvert, placé dans une cavité peu profonde, évasée et ordinairement divisée dans ses bords par des côtes aplanies.

Queue courte, forte, ligneuse, droite, attachée dans un pli plus ou moins prononcé et irrégulier, souvent déjetée de côté par une protubérance charnue.

Chair blanche, fine, serrée, beurrée, fondante, abondante en eau douce, sucrée et délicatement parfumée.

ÉPINE D'ÉTÉ PONCTUÉE

(PUNCTIRTER SOMMER DORN)

(N° 69)

Versuch einer systematischen Beschreibung. DIEL.
Illustrirtes Handbuch der Obstkunde. JAHN.
Wurtembergischer Obstsorten. LUCAS.
Handbuch der Pomologie. HINKERT.
Handbuch aller bekannten Obstsorten. BIEDENFELD.

OBSERVATIONS. — Diel rapporte qu'il reçut cette variété de Metz, en 1790, et sous le nom d'Épine d'été. Cette variété portait-elle ce nom en Lorraine? mais bien certainement elle est entièrement différente de l'Épine d'été décrite par Duhamel. Elle semble peu connue aujourd'hui en France, tandis qu'elle est assez répandue et estimée en Allemagne; faudrait-il en conclure une probabilité d'origine? — L'arbre, d'une végétation très-contenue sur cognassier, est vigoureux sur franc et disposé naturellement à la forme pyramidale. Sa fertilité est très-précoce et très-grande. Son fruit de bonne qualité est aussi d'assez longue maturation.

DESCRIPTION.

Rameaux de moyenne force, souvent épaissis en massue à leur sommet surmonté d'un bouton à fruit, presque droits, bien unis dans leur contour, d'un gris brun un peu cendré; lenticelles blanchâtres, arrondies, bien saillantes et bien apparentes.

Boutons à bois moyens, coniques, finement aigus, à direction peu écartée du rameau, soutenus sur des supports peu saillants dont les côtés et l'arête médiane ne se prolongent pas; écailles presque noires, brillantes et bordées de blanc argenté.

Pousses d'été d'un vert très-pâle et terne, à peine lavées de rouge et un peu duveteuses à leur sommet.

Feuilles des pousses d'été petites, ovales-elliptiques, se terminant brusquement en une pointe courte et très-fine, bien creusées en gouttière et non arquées, bordées de dents fines, extraordinairement peu profondes, souvent à peine appréciables, bien soutenues sur des pétioles courts, grêles et redressés.

Stipules en alênes courtes et extraordinairement fines, caduques.

Feuilles stipulaires manquant le plus souvent.

Boutons à fruit moyens, conico-ovoïdes, finement aigus ; écailles d'un marron rougeâtre bien foncé.

Fleurs petites ; pétales ovales-élargis, à onglet un peu long, un peu écartés entre eux ; divisions du calice courtes, très-fines, annulaires ; pédicelles longs, grêles, à peine duveteux.

Feuilles des productions fruitières moyennes, ovales-élargies, se terminant peu brusquement en une pointe courte, à peine concaves ou à peine repliées sur leur nervure médiane, bordées de dents très-peu profondes, couchées et obtuses, bien soutenues sur des pétioles longs, un peu forts, bien roides et bien redressés.

Caractère saillant de l'arbre : teinte générale du feuillage d'un vert gai ; stipules en alênes filiformes ; feuilles des pousses d'été bien régulièrement creusées en gouttière et bien finement accuminées ; tous les pétioles bien roides.

Fruit presque moyen, ovoïde, plus ou moins court et épais, le plus souvent uni dans son contour, atteignant sa plus grande épaisseur bien au-dessous du milieu de sa hauteur ; au-dessus de ce point, s'atténuant par une courbe peu convexe en une pointe peu longue, épaisse et bien obtuse ; au-dessous du même point, s'arrondissant par une courbe bien convexe pour s'aplatir ensuite un peu autour de la cavité de l'œil.

Peau épaisse et ferme, d'abord d'un vert d'eau peu foncé semé de points bruns, très-larges, apparents d'une manière caractéristique, très-inégaux entre eux et souvent très-largement espacés. A la maturité, **fin de septembre,** le vert fondamental passe au jaune citron terne, souvent lavé d'un rouge feu du côté du soleil. On remarque souvent sur sa surface et surtout sur le sommet du fruit et dans la cavité de l'œil une rouille épaisse, rousse, rude au toucher, se dispersant aussi en taches plus ou moins larges et qui se confondent souvent avec les points.

Œil grand, bien ouvert, à divisions appliquées aux parois d'une cavité peu profonde, évasée et bien régulière.

Queue un peu courte, bien forte, ligneuse, de couleur bois, ordinairement un peu courbée, charnue à son point d'attache au sommet du fruit sur lequel elle est repoussée obliquement.

Chair blanche, fine, fondante, ruisselante en eau sucrée, vineuse, relevée et agréablement parfumée.

DAME-VERTE

(N° 70)

Dictionnaire de pomologie. ANDRÉ LEROY.
BRUSSELER GRUNE MADAME. *Verzeichniss der Obstsorten.* DIEL.
Systematisches Handbuch der Obstkunde. DITTRICH.
FRAUENSCHENKEL (Cuisse-Dame). *Illustrirtes Handbuch der Obstkunde.* JAHN.

OBSERVATIONS. — L'origine de cette variété doit être considérée comme douteuse, quoique M. André Leroy croit qu'elle puisse être attribuée à Van Mons. Elle fut mentionnée par Diel, dans la première livraison de son *Systematische Beschreibung* et comprise dans la liste des variétés qu'il avait obtenues de Bruxelles. On ne saurait conclure de cette citation de la Madame-Verte qu'elle soit d'origine belge, car cette liste contient un assez grand nombre de variétés bien connues pour être d'origine différente. Si plus tard, en 1833, un des parents de Diel, en nommant cette variété Madame-Verte de Bruxelles, dans le *Verzeichniss der Obstsorten*, la déclara un gain de Van Mons, je puis opposer à cette assertion le passage du catalogue de Van Mons de 1823, à la page 26, n° 206, où le nom de Madame-Verte n'est pas suivi de la formule *par nous* qui indique toujours que la variété citée est un gain du célèbre pomologiste belge. D'après M. Jahn, elle est aussi répandue dans les jardins de Meiningen sous le nom de *Frauenschenkel* (Cuisse-Dame), car j'ai pu constater que la variété que j'ai reçue de lui sous ce dernier nom est entièrement identique avec la Dame-Verte.— L'arbre, d'une végétation normale sur cognassier, est très-propre sur ce sujet à la forme de fuseau. Sa haute tige greffée sur franc convient bien au verger de campagne par sa rusticité et sa très-grande fertilité.

DESCRIPTION.

Rameaux de moyenne force, un peu anguleux dans leur contour, un peu flexueux, à entre-nœuds courts, d'un vert jaunâtre un peu ombré de gris du côté du soleil ; lenticelles blanches, petites, irrégulièrement espacées et peu apparentes.

Boutons à bois moyens, coniques, courts, épais, émoussés ou très-courtement aigus, à direction parallèle ou presque parallèle au rameau, soutenus sur des supports bien saillants dont l'arête médiane se prolonge assez distinctement ; écailles de couleur marron et presque entièrement recouvertes de gris cendré.

Pousses d'été d'un vert clair et gai , à peine ou non lavées de rouge et presque glabres à leur sommet.

Feuilles des pousses d'été moyennes, elliptiques-arrondies, se terminant très-brusquement en une pointe peu longue, large et cependant bien aiguë, un peu concaves et non arquées, bordées de dents fines, peu profondes, recourbées et bien aiguës, assez peu soutenues sur des pétioles longs, peu forts et un peu flexibles.

Stipules de moyenne longueur, en alènes fines et très-caduques.

Feuilles stipulaires se montrant quelquefois.

Boutons à fruit moyens, conico-sphériques, obtus ; écailles d'un marron assez peu foncé.

Fleurs très-grandes ; pétales arrondis, concaves, à onglet très-long, bien écartés entre eux, entièrement blancs avant l'épanouissement ; divisions du calice courtes, bien élargies, obtuses et recourbées en dessous ; pédicelles longs, forts et cotonneux.

Feuilles des productions fruitières moyennes, elliptiques, se terminant presque régulièrement en une pointe très-courte, à peine concaves, souvent largement ondulées dans leur contour, bien régulièrement bordées de dents extraordinairement fines, peu profondes et aiguës, retombant un peu sur des pétioles de moyenne longueur, bien grêles et un peu souples.

Caractère saillant de l'arbre : teinte générale du feuillage d'un vert clair et gai ; serrature de toutes les feuilles formée de dents remarquablement fines et finement aiguës.

Fruit moyen ou assez gros, régulièrement conique, uni dans son contour, atteignant sa plus grande épaisseur bien près de sa base ; au-dessus de ce point, s'atténuant par une ligne presque droite en une pointe longue, épaisse et tronquée à son sommet ; au-dessous du même point, s'atténuant peu par une courbe un peu convexe pour ensuite s'arrondir jusque dans la cavité de l'œil.

Peau épaisse, ferme, d'abord d'un vert clair semé de points d'un vert plus foncé et recouvert d'une sorte de fleur d'un vert d'eau. A la maturité, **milieu d'août,** le vert fondamental passe au jaune clair, et le côté du soleil est rarement taché ou flammé d'un rouge sanguin un peu terne.

Œil grand, ouvert, à divisions longues, larges, étalées et appliquées aux parois d'une cavité étroite qui le contient exactement.

Queue longue ou très-longue, d'un fauve brillant, bien épaissie et recourbée à son point d'attache au rameau, fixée perpendiculairement dans une dépression très-peu sensible dans laquelle elle est souvent accompagnée d'une bosse charnue.

Chair d'un blanc jaunâtre, peu fine, demi-fondante, un peu pierreuse vers le cœur, peu abondante en eau douce, sucrée et peu parfumée.

TIGRÉE DE JANVIER

(N° 71)

Catalogue. BIVORT. 1851-1852.
Catalogue. PAPELEU. 1860-1862.
Handbuch aller bekannten Obstsorten. BIEDENFELD.

OBSERVATIONS. — D'après les indications de M. Papeleu, cette variété semble être un gain de M. Berckmans ou peut-être du Major Esperen dont il avait acquis les semis après sa mort. — L'arbre est d'une bonne végétation quoiqu'un peu grêle et se plie facilement à toutes formes sur cognassier. Il est d'une fertilité précoce et assez grande. Si son fruit n'est pas de première finesse, il est souvent agréable et réellement savoureux.

DESCRIPTION.

Rameaux fluets, bien droits, à entre-nœuds longs et inégaux entre eux, d'un rouge brun sombre ; lenticelles larges, allongées, saillantes, d'un blanc jaunâtre, nombreuses et bien apparentes.

Boutons à bois petits, coniques, un peu comprimés, épais, obtus, à direction peu écartée du rameau, soutenus sur des supports pour ainsi dire nuls ; écailles d'un marron noirâtre largement maculé de gris argenté.

Pousses d'été d'un vert brun sur la plus grande partie de leur longueur, d'un vert clair très-légèrement teinté de rouge et peu duveteuses à leur sommet.

Feuilles des pousses d'été assez petites, obovales, se terminant en une pointe peu aiguë, repliées sur leur nervure médiane et contournées, largement crénelées plutôt que dentées par leurs bords, retombant un peu sur des pétioles longs, de moyenne force, horizontaux ou peu redressés.

Stipules assez longues, linéaires-étroites.

Feuilles stipulaires fréquentes.

Boutons à fruit gros, conico-ovoïdes, obscurément anguleux, peu aigus ; écailles d'un beau marron rougeâtre finement bordé de gris blanchâtre.

Fleurs petites ; pétales ovales, sensiblement atténués à leur sommet, à onglet long, bien écartés entre eux, entièrement blancs avant l'épanouissement ; divisions du calice de

moyenne longueur, étroites et annulaires ; pédicelles assez longs, grêles et un peu
duveteux.

Feuilles des productions fruitières de la même grandeur que
celles des pousses d'été, elliptiques, planes ou peu repliées sur leur nervure médiane,
bordées de dents très-peu profondes et quelquefois inappréciables, retombant un peu sur
des pétioles longs, grêles et divergents.

Caractère saillant de l'arbre : toutes les feuilles petites et ne diffé-
rant pas de grandeur entre elles ; tous les pétioles longs, peu forts et flexibles.

Fruit petit ou presque moyen sur arbre taillé, ovoïde-piriforme, parfois un peu
irrégulier dans son contour, atteignant sa plus grande épaisseur peu au-dessous du milieu
de sa hauteur ; au-dessus de ce point, s'atténuant par une courbe d'abord peu convexe,
puis concave en une pointe peu longue, un peu épaisse et bien obtuse ; au-dessous du
même point, s'atténuant par une courbe largement convexe pour s'aplatir ensuite sur une
très-petite étendue autour de la cavité de l'œil.

Peau un peu épaisse, croquante, raboteuse, d'abord d'un vert assez intense semé de
points bruns, arrondis, saillants, assez nombreux et bien apparents ; d'où le fruit a
reçu son nom. Une tache d'une rouille brune, épaisse, rude au toucher, recouvre souvent
une assez grande partie de sa surface. A la maturité, **décembre et janvier**, le
vert fondamental passe au jaune citron et le côté du soleil est lavé d'un rouge terreux,
sombre et assez dense.

Œil petit, fermé, à divisions courtes et fermes, comme écrasé dans une cavité étroite,
peu profonde et sillonnée dans ses parois et par ses bords.

Queue longue, un peu forte, ligneuse, fragile, souvent contournée, d'un brun
rouge un peu moucheté de gris, attachée sur une petite plate-forme formée par la pointe
du fruit.

Chair jaunâtre, demi-fine, fondante, et trop pierreuse vers le cœur, abondante en
eau sucrée, vineuse, relevée et assez agréable.

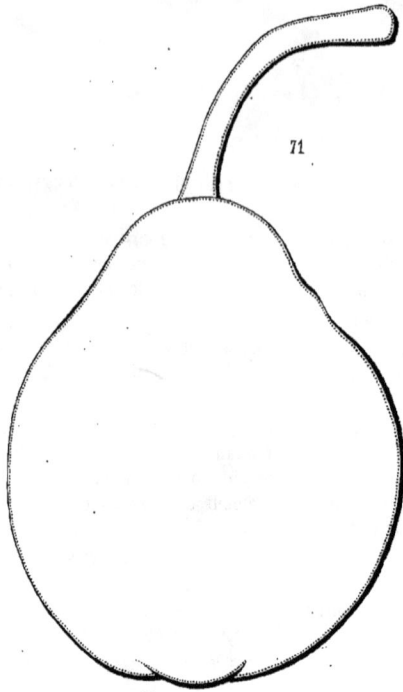

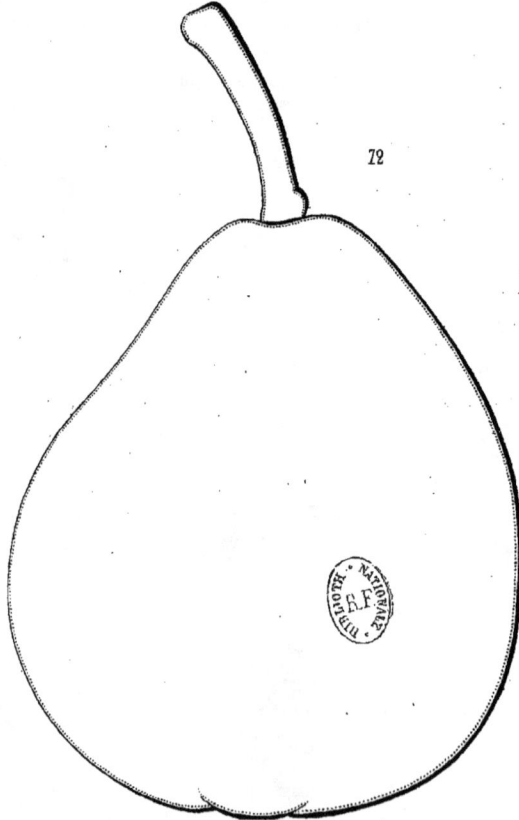

71 , TIGRÉE DE JANVIER.   72 , BERGEN

Imp. A. Tournier. Lyon.

BERGEN

(N° 72)

The Fruits and the fruit-trees of America. DOWNING.
The American fruit Culturist. THOMAS.

OBSERVATIONS. — Cette variété est un semis de Hasard, trouvé dans la haie d'une terre ayant autrefois appartenu à Simon Bergen, de New-Utrecht, dans l'île de Long-Island, État de New-York. — L'arbre, d'une vigueur contenue sur cognassier, s'accommode bien de la forme de vase ou de cordon. Sa flèche n'est pas d'assez longue durée pour que la forme pyramidale lui convienne. Sa fertilité est précoce, grande et peu sujette à l'alternat. Son fruit, par son apparence, a beaucoup de rapport avec Frédéric de Wurtemberg, mais il s'en distingue par sa saveur. La végétation de ces deux variétés est aussi différente.

DESCRIPTION.

Rameaux de moyenne force, unis dans leur contour, presque droits, à entre-nœuds courts, d'un jaune verdâtre ; lenticelles blanches, petites, assez nombreuses et peu apparentes.

Boutons à bois moyens, coniques, très-courts, renflés et obtus, à direction, tantôt écartée du rameau, tantôt parallèle, soutenus sur des supports peu saillants dont les côtés et l'arête médiane ne se prolongent pas ; écailles extérieures couvertes d'un duvet gris cendré ; écailles intérieures couvertes d'un duvet fauve.

Pousses d'été d'un vert clair, lavées de rouge et à peine duveteuses à leur sommet.

Feuilles des pousses d'été moyennes, ovales-elliptiques, se terminant peu brusquement en une pointe un peu longue et fine, à peine concaves et non arquées, bordées de dents très-peu profondes, bien couchées et émoussées, assez peu soutenues sur des pétioles longs, grêles et un peu flexibles.

Stipules en alènes fines et de moyenne longueur.

Feuilles stipulaires manquant le plus souvent.

Boutons à fruit moyens ou assez gros, coniques, à peine renflés et obtus ; écailles extérieures couvertes d'un duvet gris cendré ; écailles intérieures couvertes d'un duvet fauve.

Fleurs petites ; pétales ovales-elliptiques, peu concaves, à onglet peu long, un peu écartés entre eux ; divisions du calice courtes, bien aiguës et recourbées en dessous ; pédicelles assez longs, de moyenne force et peu duveteux.

Feuilles des productions fruitières un peu moins grandes que celles des pousses d'été, s'arrondissant bien vers le pétiole, se terminant peu brusquement en une pointe courte et bien fine, un peu creusées en gouttière, bordées de dents extraordinairement peu profondes, couchées et émoussées, assez peu soutenues sur des pétioles de moyenne longueur, de moyenne force et un peu flexibles.

Caractère saillant de l'arbre : teinte générale du feuillage d'un vert clair et brillant ; toutes les feuilles finement accuminées et bordées de dents remarquablement couchées.

Fruit gros ou assez gros, irrégulièrement conique-piriforme, ordinairement plus ventru d'un côté que de l'autre, souvent déformé dans son contour par des côtes aplanies et inégales entre elles, atteignant sa plus grande épaisseur au-dessous du milieu de sa hauteur ; au-dessus de ce point, s'atténuant par une courbe largement convexe d'un côté et largement concave du côté opposé en une pointe peu longue, un peu épaisse et bien obtuse à son sommet ; au-dessous du même point, s'arrondissant brusquement par une courbe bien convexe pour ensuite s'aplatir un peu autour de la cavité de l'œil.

Peau fine, tendre, d'abord d'un vert blanchâtre semé de points gris, très-petits, nombreux et peu apparents. On remarque ordinairement quelques traits d'une rouille fauve dans la cavité de l'œil. Longtemps avant la maturité, le vert fondamental passe au blanc jaunâtre, et à la maturité, **fin de septembre et commencement d'octobre,** au jaune paille et brillant, bien doré du côté du soleil qui est aussi lavé et pointillé d'un rouge vermillon clair et vif.

Œil moyen, ouvert, à divisions bien étroites, étalées dans une cavité très-peu profonde, bien évasée par ses bords divisés en côtes très-peu prononcées qui se prolongent un peu jusque vers le ventre du fruit.

Queue longue, forte, courbée, charnue sur une partie de sa longueur, attachée dans un pli peu profond et souvent irrégulier.

Chair blanche, fine, beurrée, fondante, abondante en eau douce, sucrée, délicatement parfumée à la manière du Doyenné blanc.

BERGAMOTTE DE PAQUES

(N° 73)

Traité des arbres fruitiers. DUHAMEL.
Album de Pomologie. BIVORT.
Dictionnaire de pomologie. ANDRÉ LEROY
EASTER BERGAMOT. *A Guide to the orchard.* LINDLEY.
The fruit Manual. ROBERT HOGG.
The Fruits and the fruit–trees of America. DOWNING.
OSTER BERGAMOTTE. *Versuch einer systematischen Beschreibung der Kernobst-sorten.* DIEL.
Handbuch über die Obstbaumzucht. CHRIST.
Illustrirtes Handbuch der Obsikunde. JAHN.
BERGAMOTTE SOLDAT. *Notice pomologique.* DE LIRON D'AIROLES.
BERGAMOTTE D'HIVER. *Pomologie.* JEAN HERMANN KNOOP.

OBSERVATIONS. — Cette variété a été souvent confondue avec la Berga-motte Bugi. Si elle en diffère peu par la forme de son fruit, cependant toujours plus sphérique, les arbres n'offrent aucun rapport de ressem-blance. C'est à tort aussi qu'elle a été appelée Bergamotte tardive, syno-nymie du Colmar. Son origine est ancienne et douteuse, car, quoiqu'elle porte aussi dans les anciens auteurs le nom de Bergamotte de la Grillière, localité du département de l'Indre-et-Loire, son acte de naissance n'est pas assez bien établi pour déterminer une certitude. Quant à la Berga-motte de Pâques de Poiteau, en proposant de l'appeler Doyenné d'hiver, il n'a fait qu'anticiper sur la décision du Congrès pomologique de France, qui donne désormais ce nom à la Bergamotte de Pentecôtte que la figure de sa *Pomologie française* représente avec trop d'exactitude pour ne pas supposer qu'il y ait eu erreur de sa part en croyant décrire la Bergamotte de Pâques. — L'arbre, aussi vigoureux sur cognassier que sur franc, prend naturellement la forme pyramidale. Il fait attendre longtemps son rapport qui ne devient, par la suite, jamais très-abondant. Aussi, le meilleur parti à en tirer, est-il de le placer à l'espalier à une exposition moyenne où l'on achèvera promptement sa forme par une taille longue et où son fruit prend du volume, s'affine dans sa chair et sans rien perdre de son mérite de longue conservation.

DESCRIPTION.

Rameaux de moyenne force, presque unis dans leur contour, flexueux, à entre-nœuds courts, d'un vert clair ; lenticelles blanches, nombreuses, arrondies et apparentes.

Boutons à bois assez gros, coniques, un peu épais et aigus, à direction parallèle ou presque parallèle au rameau, soutenus sur des supports saillants dont l'arête médiane se prolonge très-peu distinctement ; écailles jaunâtres et presque entièrement recouvertes de gris blanchâtre.

Pousses d'été d'un vert clair, lavées de rouge sanguin et à peine duveteuses à leur sommet.

Feuilles des pousses d'été moyennes, ovales-élargies, se terminant peu brusquement en une pointe peu longue, à peine convexes ou presque planes, bordées de dents un peu profondes et bien obtuses, assez peu soutenues sur des pétioles de moyenne longueur, grêles, flexibles et souvent colorés de rouge.

Stipules assez courtes, filiformes, très-caduques.

Feuilles stipulaires assez fréquentes.

Boutons à fruit à peine moyens, ovoïdes, courts et un peu aigus ; écailles d'un marron peu foncé.

Fleurs moyennes ; pétales ovales-arrondis, un peu atténués à leur sommet, bien concaves, à onglet long, écartés entre eux, veinés de rose avant et après l'épanouissement ; divisions du calice blanchâtres et cotonneuses comme les pédicelles qui sont assez longs et grêles.

Feuilles des productions fruitières plus grandes que celles des pousses d'été, exactement ovales, se terminant un peu brusquement en une pointe très-courte, peu repliées sur leur nervure médiane et un peu arquées, régulièrement bordées de dents fines et un peu aiguës, mal soutenues sur des pétioles souvent très-longs, grêles et divergents.

Caractère saillant de l'arbre : teinte générale du feuillage d'un vert bleu peu foncé ; feuilles des productions fruitières bien régulièrement et bien finement dentées ; tous les pétioles grêles ; forme naturelle pyramidale.

Fruit moyen ou presque gros, sphérico-ovoïde, ordinairement uni dans son contour, atteignant sa plus grande épaisseur peu au-dessous du milieu de sa hauteur ; au-dessus de ce point, s'atténuant par une courbe largement convexe en une pointe courte, épaisse et tronquée à son sommet ; au-dessous du même point, s'atténuant par une courbe peu convexe pour ensuite s'arrondir autour de la cavité de l'œil.

Peau un peu épaisse et ferme, d'abord d'un vert très-clair semé de petits points d'un gris verdâtre, bien égaux entre eux, très-nombreux, serrés et régulièrement espacés. Une tache d'une rouille fine et de couleur fauve couvre ordinairement le sommet du fruit, la cavité de l'œil et se disperse quelquefois en taches irrégulières sur sa surface. A la maturité, **fin d'hiver et printemps,** le vert fondamental s'éclaircit un peu en jaune, en conservant, par places, une teinte verdâtre, et le côté du soleil, sur les fruits les mieux exposés, est légèrement lavé d'un roux doré.

Œil grand, ouvert, ou demi-ouvert, à divisions fermes et souvent brisées, un peu saillant dans une cavité très-peu profonde et évasée.

Queue de moyenne longueur, de moyenne force, un peu épaissie à son point d'attache au rameau, d'un brun jaunâtre moucheté de blanc, ligneuse et cependant un peu élastique, ordinairement courbée et attachée, tantôt à fleur de la pointe du fruit, tantôt dans un pli ou une petite cavité.

Chair blanche, fine, serrée, demi-cassante, suffisante en eau sucrée, acidulée, assez agréablement relevée.

73

74

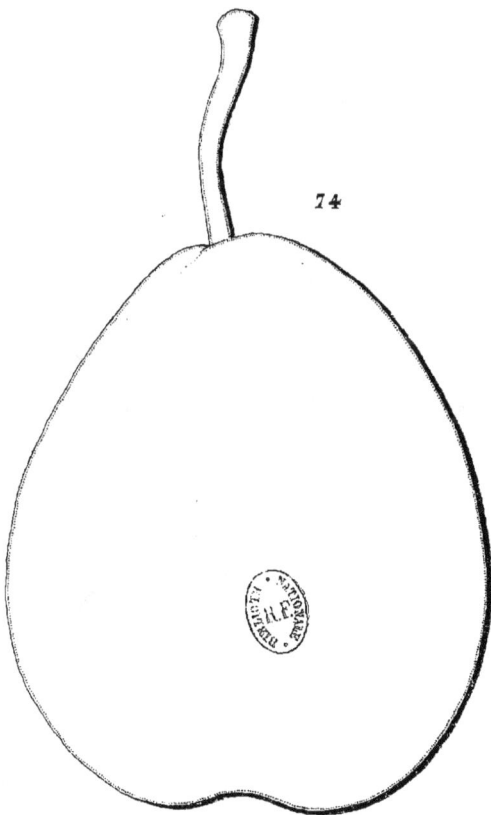

73, BERGAMOTTE DE PÂQUES.   74, St HERBLAIN D'HIVER

Imp. A Tournier à Lyon

Peindeon Dél.

SAINT-HERBLAIN D'HIVER

(Nº 74)

Les Poiriers les plus précieux. DE LIRON D'AIROLES.

OBSERVATIONS. — C'est à tort que quelques pomologistes ont donné le nom de cette variété comme synonyme de Bergamotte de Pâques. M. André Leroy veut, de son côté, qu'il soit synonyme de Beurré Bruneau que nous avons déjà décrit dans le *Verger* sous le nom de Bergamotte Crassane d'hiver. La St-Herblain d'hiver n'est ni l'une ni l'autre de ces variétés, elle est entièrement distincte. Elle est cultivée et appréciée aux environs de Nantes où elle est née, et M. Bruneau, pépiniériste de cette ville, fut seulement son premier propagateur. Nous la tenons de lui, et les renseignements qu'il nous a donnés sont venus confirmer ceux déjà fournis par M. de Liron d'Airoles dans *les Poiriers les plus précieux.* — L'arbre est d'une vigueur normale sur cognassier et se plie facilement aux formes régulières. Toutefois, étant plutôt destiné à produire d'abondantes récoltes pour la provision d'hiver du ménage, son meilleur emploi est la haute tige dans le verger.

DESCRIPTION.

Rameaux de moyenne force, unis dans leur contour, droits, à entre-nœuds assez courts, d'un jaune clair; lenticelles blanches, allongées, peu nombreuses et un peu apparentes.

Boutons à bois petits, coniques, courts, épais et courtement aigus, à direction un peu écartée du rameau, soutenus sur des supports peu saillants dont les côtés et l'arête médiane ne se prolongent pas ; écailles d'un marron noirâtre et brillant.

Pousses d'été d'un vert terne, colorées de rouge et peu duveteuses à leur sommet.

Feuilles des pousses d'été assez grandes, obovales-arrondies, se terminant en une pointe courte et étroite, bien creusées en gouttière et arquées, bordées de dents larges, inégales entre elles, assez peu profondes et obtuses, soutenues sur des pétioles longs, assez forts et bien redressés.

Stipules courtes, en alênes un peu recourbées.

Feuilles stipulaires manquant le plus souvent.

Boutons à fruit assez gros, conico-ovoïdes, courts, bien épais, courtement aigus ; écailles d'un marron noirâtre.

Fleurs bien grandes ; pétales ovales-élargis et allongés, souvent irrégulièrement découpés par leurs bords, peu concaves, à onglet court, se touchant un peu entre eux ; divisions du calice de moyenne longueur, bien repliées en dessous et finement aiguës ; pédicelles de moyenne longueur, de moyenne force et presque glabres.

Feuilles des productions fruitières grandes, ovales un peu élargies, se terminant presque régulièrement en une pointe courte et bien aiguë, peu repliées sur leur nervure médiane et recourbées en dessous seulement par leur extrémité, largement ondulées dans leur contour, presque entières vers le pétiole et bordées sur le reste de leur longueur de dents plus ou moins larges, couchées et émoussées, s'abaissant un peu sur des pétioles longs, forts, redressés et un peu souples.

Caractère saillant de l'arbre : teinte générale du feuillage d'un beau vert bleu et luisant ; toutes les feuilles remarquablement épaisses ; tous les pétioles forts.

Fruit moyen, conico-ovoïde, ordinairement uni dans son contour, mais aussi parfois un peu bosselé lorsqu'il est bien développé, atteignant sa plus grande épaisseur peu au-dessous du milieu de sa hauteur ; au-dessus de ce point, s'atténuant par une courbe peu convexe en une pointe peu longue, épaisse et obtuse ; au-dessous du même point, s'atténuant par une courbe un peu plus convexe pour diminuer un peu sensiblement d'épaisseur vers la cavité de l'œil, autour de laquelle il est assez aplati pour se tenir solidement debout.

Peau un peu épaisse et ferme, d'abord d'un vert clair semé de points bruns, bien régulièrement espacés et assez apparents ; souvent une petite tache de rouille couvre le sommet du fruit et parfois la cavité de l'œil. A la maturité, **fin d'hiver et printemps,** le vert fondamental passe au jaune citron et le côté du soleil est seulement un peu doré.

Œil grand, ouvert, à divisions longues, finement aiguës, appliquées aux parois d'une cavité assez peu profonde qu'il remplit presque entièrement et dont les bords se divisent parfois en côtes assez prononcées qui se prolongent un peu sur le ventre du fruit.

Queue courte ou de moyenne longueur, forte, ligneuse, souvent un peu courbée, attachée un peu obliquement à fleur de la pointe du fruit ou dans un pli large et souvent irrégulier.

Chair blanche, demi-fine, tassée, mi-cassante, abondante en eau douce, sucrée, rafraîchissante, assez agréable lorsqu'elle ne laisse pas dans la bouche un arrière-goût herbacé qu'elle est sujette à contracter dans certains sols. Le fruit devient plus tendre lorsqu'il est consommé à son extrême maturité, et conserve toujours toute son eau.

CLARA DURIEUX

(N° 75)

Notice pomologique, DE LIRON D'AIROLES.
Catalogue. NARCISSE-GAUJARD. 1860-1861.

OBSERVATIONS. — Cette variété est un semis de Van Mons. Si M. André
Leroy déclare son nom comme synonyme du William's, c'est probablement
le résultat d'une erreur d'envoi qui lui a été fait de Belgique ; car il est
rare de trouver deux variétés présentant autant de différence dans leur
végétation et dans leur fruit. — L'arbre, d'une vigueur contenue sur
cognassier, est bien disposé par son bois solide à former des pyramides ou
des fuseaux. Sa bonne végétation, sa grande fertilité, la jolie apparence,
la qualité et la maturation prolongée de son fruit, permettent de le recommander à la culture de spéculation.

DESCRIPTION.

Rameaux de moyenne force, finement anguleux dans leur contour, un peu
flexueux, à entre-nœuds courts, d'un rouge lie de vin foncé ; lenticelles blanches, un peu
allongées, très-petites, très-nombreuses et peu apparentes.

Boutons à bois petits, coniques, courts, épais et très-courtement aigus, à
direction écartée du rameau, soutenus sur des supports renflés dont l'arête médiane se
prolonge finement et distinctement ; écailles presque rouges et presque entièrement recouvertes de gris blanchâtre.

Pousses d'été d'un vert vif, bien colorées de rouge et peu duveteuses à leur
sommet.

Feuilles des pousses d'été petites, ovales-elliptiques ou ovales-arrondies,
se terminant brusquement en une pointe courte et finement aiguë, un peu concaves, bordées de dents fines, peu profondes et aiguës, mollement soutenues sur des pétioles un peu
longs, grêles et flexibles.

Stipules assez longues, linéaires très-étroites, presque filiformes.

Feuilles stipulaires manquant ordinairement.

Boutons à fruit à peine moyens, conico-ovoïdes, un peu allongés et aigus ; écailles rougeâtres et finement bordées de gris.

Fleurs moyennes ; pétales elliptiques, peu concaves, à onglet un peu long, écartés entre eux ; divisions du calice courtes, bien recourbées en dessous ; pédicelles assez courts, forts et peu duvetenx.

Feuilles des productions fruitières moyennes, ovales-élargies, un peu échancrées en cœur vers le pétiole, s'atténuant peu pour se terminer régulièrement en une pointe très-courte ou nulle, peu concaves, bordées de dents fines, très-peu profondes et émoussées, s'abaissant sur des pétioles de moyenne longueur, bien grêles et flexibles.

Caractère saillant de l'arbre : teinte générale du feuillage d'un vert vif et brillant ; toutes les feuilles plus ou moins petites, et celles des pousses d'été tendant à la forme arrondie ; tous les pétioles bien grêles et flexibles.

Fruit moyen, sphérique, un peu déprimé à ses deux pôles, ordinairement uni dans son contour, atteignant sa plus grande épaisseur au milieu de sa hauteur ; au-dessus et au-dessous de ce point, s'arrondissant par des courbes presque de même longueur et presque également convexes, en s'atténuant cependant un peu plus du côté de la queue et s'aplatissant un peu autour de la cavité de l'œil.

Peau un peu épaisse, d'abord d'un vert très-clair semé de points très-petits et d'un vert plus foncé. On remarque ordinairement quelques traces d'une rouille fauve dans la cavité de l'œil. A la maturité, **octobre,** le vert fondamental passe au jaune d'or, largement lavé du côté du soleil d'un rouge cramoisi vif, marbré du même rouge plus foncé et pointillé de jaune.

Œil grand, fermé ou demi-fermé, à divisions noirâtres, dressées, puis un peu recourbées en dehors, placé dans une cavité étroite, peu profonde et ordinairement à peine plissée par ses bords.

Queue courte, assez forte, épaissie à son point d'attache au rameau, fixée le plus souvent perpendiculairement dans une dépression peu profonde, évasée, dans laquelle elle est aussi parfois repoussée un peu obliquement par une bosse charnue.

Chair blanchâtre, assez fine, bien fondante, à peine granuleuse vers le cœur, abondante en eau sucrée, bien vineuse et bien parfumée.

75

76

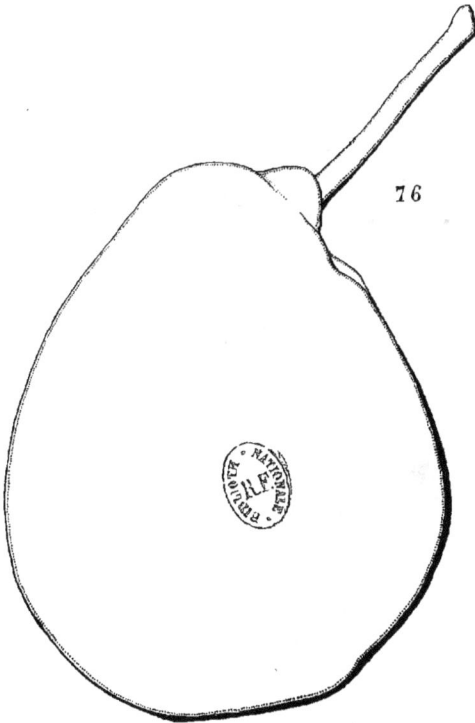

75, CLARA DURIEU.   76, COLMAR-HIRONDELLES

Imp. A. Tournier à Lyon

Peingeon Delt.

COLMAR-HIRONDELLES

(N° 76)

Catalogue. Van Mons. 1823.
SCHWALBENBIRNE. Systsmatische Beschreibung. Diel.
Handbuch aller bekannten Obstsorten. Biedenfeld.
Anleitung. Oberdieck.

OBSERVATIONS. — D'après les indications données par Van Mons dans son catalogue de 1823, cette variété serait un produit de ses semis. — L'arbre est d'une bonne vigueur aussi bien sur cognassier que sur franc. Sa fertilité, sans être très-hative, est presque aussi précoce sur l'un et l'autre sujet. Son fruit, de jolie apparence, atteint à peine la seconde qualité pour le couteau, et par compensation est d'un excellent usage pour les compotes et pour les préparations de la confiserie.

DESCRIPTION.

Rameaux d'une bonne force assez bien soutenue jusqu'à leur sommet, un peu anguleux dans leur contour, droits, à entre-nœuds courts, d'un brun rougeâtre ; lenticelles blanches, assez larges, arrondies, assez nombreuses et bien apparentes.

Boutons à bois petits, coniques, courts et émoussés, à direction bien écartée du rameau, soutenus sur des supports souvent très-peu saillants dont les côtés et l'arête médiane se prolongent finement et distinctement ; écailles d'un marron rougeâtre foncé et brillant.

Pousses d'été d'un vert très-clair, à peine lavées de rouge et peu duveteuses à leur sommet.

Feuilles des pousses d'été moyennes, ovales-allongées, s'atténuant sensiblement pour se terminer régulièrement en une pointe longue, bien repliées sur leur nervure médiane et bien arquées, bordées de dents très-espacées, peu profondes et un peu aiguës, se recourbant sur des pétioles courts, forts et plus ou moins redressés.

Stipules plus ou moins longues, linéaires.

Feuilles stipulaires manquant le plus souvent.

Boutons à fruit gros, ovoïdes, courts et un peu aigus ; écailles d'un beau marron rougeâtre brillant.

Fleurs assez petites ; pétales obovales-elliptiques, peu concaves, à onglet long, bien écartés entre eux ; divisions du calice de moyenne longueur, recourbées en dessous ; pédicelles longs, très-grêles et peu duveteux.

Feuilles des productions fruitières assez grandes, ovales-cordiformes, s'atténuant assez lentement pour se terminer peu brusquement en une pointe peu longue, peu repliées sur leur nervure médiane, bordées de dents irrégulières, peu profondes ou souvent presque entières, assez peu soutenues sur des pétioles longs, peu forts et un peu flexibles.

Caractère saillant de l'arbre : teinte générale du feuillage d'un vert herbacé ; feuilles des pousses d'été bien régulièrement repliées et sensiblement arquées.

Fruit moyen, piriforme un peu ventru, parfois un peu irrégulier dans son contour, atteignant sa plus grande épaisseur bien au-dessous du milieu de sa hauteur ; au-dessus de ce point, s'atténuant par une courbe d'abord convexe, puis souvent irrégulièrement concave en une pointe un peu longue et aiguë ; au-dessous du même point, s'arrondissant par une courbe bien convexe jusque dans la cavité de l'œil.

Peau un peu épaisse, d'abord d'un vert décidé semé de points bruns, un peu larges, nombreux et irrégulièrement espacés. On remarque aussi quelques traces d'une rouille de couleur canelle dans la cavité de l'œil. A la maturité, **novembre**, le vert fondamental passe au jaune citron clair, et le côté du soleil se couvre largement d'un beau rouge vermillon vif autour duquel les points deviennent rouges et accentués comme ceux de la poire Truite.

Œil grand, ouvert, placé dans une cavité étroite et peu profonde, le plus souvent unie dans ses parois et par ses bords, et parfois déformée par quelques côtes très-aplanies qui ne se continuent pas sur la hauteur du fruit.

Queue assez courte, grêle, épaissie à son point d'attache au rameau, ligneuse, courbée ou contournée, fixée à la pointe du fruit souvent comme repoussée et plissée circulairement.

Chair jaune, demi-fine, demi-fondante, pierreuse vers le cœur, suffisante en eau bien sucrée, vineuse, un peu parfumée à la manière de celle du Martin-Sec, sans que cependant sa saveur soit aussi distinguée.

FLORENT SCHOUMAN

(N° 77)

Bulletin de la Société VAN MONS. 1861, 1862, 1866.
Catalogue. PAPELEU. 1862-1863.
The Fruits and the fruit-trees of America. DOWNING.

OBSERVATIONS. — Cette variété est un gain posthume de Van Mons, propagé par la Société instituée pour continuer ses expériences sur les semis d'arbres fruitiers et dédié par elle à M. Florent Schouman, un de ses membres, propriétaire aux Ecaussines, Hainaut. — L'arbre, d'assez maigre végétation sur cognassier, prend facilement une forme régulière. Sa fertilité est seulement moyenne et sujette à l'alternat. Son fruit est d'assez bonne qualité.

DESCRIPTION.

Rameaux peu forts, unis dans leur contour, à peine flexueux, à entre-nœuds courts, d'un vert terne ; lenticelles blanchâtres, peu nombreuses et peu apparentes.

Boutons à bois moyens, coniques, épais et cependant aigus, à direction écartée du rameau, soutenus sur des supports très-peu saillants dont les côtés et l'arête médiane ne se prolongent pas ; écailles presque noires et souvent presque entièrement recouvertes de gris blanchâtre.

Pousses d'été d'un vert jaune, colorées à leur sommet d'un rouge vif un peu voilé par un duvet blanc, long et soyeux.

Feuilles des pousses d'été moyennes, un peu obovales, se terminant un peu brusquement en une pointe courte et bien aiguë, un peu repliées sur leur nervure médiane et un peu arquées, entières ou irrégulièrement découpées par leurs bords, ma soutenues sur des pétioles longs, très-grêles et flexibles.

Stipules en alênes courtes et très-caduques.

Feuilles stipulaires manquant presque toujours.

Boutons à fruit petits, exactement ovoïdes, à pointe courte ; écailles intérieures d'un beau marron rougeâtre foncé et brillant ; écailles extérieures largement bordées de gris blanchâtre.

Fleurs presque moyennes ; pétales elliptiques-arrondis, concaves ; divisions du calice de moyenne longueur, finement aiguës et bien recourbées en dessous ; pédicelles de moyenne longueur, de moyenne force et bien duveteux.

Feuilles des productions fruitières petites ou presque moyennes, obovales-elliptiques, se terminant régulièrement en une pointe peu longue, repliées sur leur nervure médiane et arquées, entières par leurs bords, retombant mollement sur des pétioles peu longs, très-grêles et très-flexibles.

Caractère saillant de l'arbre : teinte générale du feuillage d'un vert jaune et très-clair ; nervure médiane des feuilles longtemps couvertes ainsi que les pétioles d'un duvet cotonneux ; presque toutes les feuilles mollement pendantes ; branchage et feuillage menus.

Fruit moyen ou presque gros, turbiné-sphérique, ordinairement uni dans son contour, atteignant sa plus grande épaisseur bien au-dessous du milieu de sa hauteur ; au-dessus de ce point, s'atténuant brusquement par une courbe très-légèrement convexe en une pointe courte, épaisse et obtuse ; au-dessous du même point, s'arrondissant par un courbe bien convexe, pour ensuite s'aplatir autour de la cavité de l'œil.

Peau fine, tendre, d'abord d'un vert d'eau semé de points d'un gris brun, larges, bien arrondis, bien régulièrement espacés. Une rouille brune, peu dense, couvre ordinairement le sommet du fruit et la cavité de l'œil. A la maturité, **octobre,** le vert fondamental passe au jaune mat gris, se dore ou se lave d'un peu de rouge sur le côté du soleil où les points d'un gris blanchâtre sont bien larges et bien apparents.

Œil petit, ouvert ou demi-ouvert, à divisions courtes, fines, frêles et étalées dans une cavité très-étroite et très-peu profonde, le contenant à peine et finement plissée dans ses parois.

Queue courte, épaisse, charnue, tantôt semblant former la continuation de la pointe du fruit, tantôt repoussée dans un pli peu prononcé et prenant presque toujours la direction oblique.

Chair blanche, fine, fondante, abondante en eau sucrée, vineuse, acidulée, relevée, constituant un fruit d'assez bonne qualité.

77

73

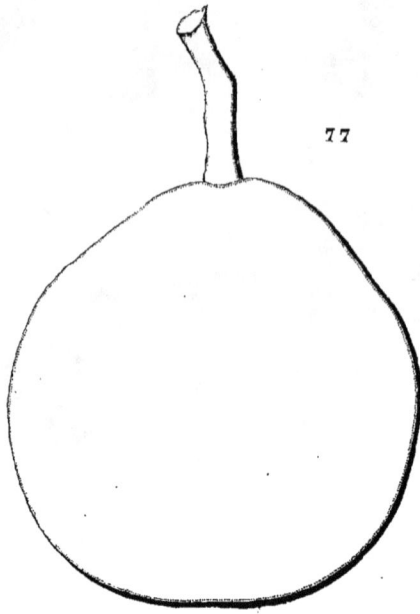

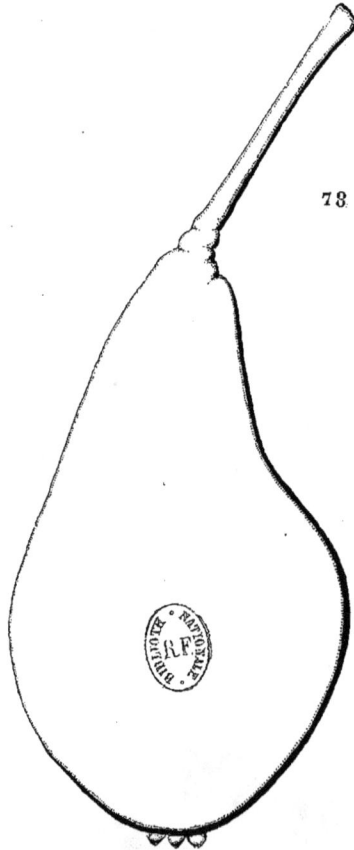

77, FLORENT SCHOUMAN. 78, POIRE DE MESSIRE

ingeon Delt.   Imp. A. Tournier, à Lyon

POIRE DE MESSIRE

(JUNKER BIRNE)

(N° 78)

Illustrirtes Handbuch der Obstkunde. JAHN.

OBSERVATIONS. — M. Jahn n'a pu constater l'origine de cette variété et dit qu'elle est cultivée dans les jardins de Meiningen (Saxe-Meiningen), où elle est bien multipliée. Elle est d'une végétation bonne et bien équilibrée, rustique et d'une fertilité précoce. Elle conviendrait bien au verger de campagne pour l'abondance de ses fruits qui appartiennent à la classe des Blanquets et ne sont surpassés par aucun d'eux.

DESCRIPTION.

Rameaux de moyenne force, très-finement anguleux dans leur contour, presque droits, à entre-nœuds de moyenne longueur, jaunâtres du côté de l'ombre et lavés de rouge violet du côté du soleil ; lenticelles blanchâtres, petites, assez nombreuses et peu apparentes.

Boutons à bois très-petits, coniques, courts, bien élargis à leur base et cependant aigus, appliqués ou presque appliqués au rameau, soutenus sur des supports très-peu saillants dont l'arête médiane se prolonge très-finement ; écailles d'un marron noirâtre et finement bordé de gris blanchâtre.

Pousses d'été d'un vert vif, bien colorées de rouge et peu duveteuses à leur sommet.

Feuilles des pousses d'été moyennes, ovales-élargies, se terminant peu brusquement en une pointe un peu longue, repliées sur leur nervure médiane et un peu arquées, le plus souvent irrégulièrement découpées par leurs bords plutôt que dentées, soutenues horizontalement sur des pétioles courts, grêles et redressés.

Stipules longues, linéaires-étroites.

Feuilles stipulaires manquant ordinairement.

Boutons à fruit assez gros, coniques, maigres, allongés et finement aigus ; écailles d'un beau marron rougeâtre brillant.

Fleurs bien grandes ; pétales arrondis, bien élargis, souvent très-profondément échancrés à leur sommet, bien concaves, à onglet court, se recouvrant largement entre eux ; divisions du calice peu longues, épaisses et recourbées en dessous seulement par leur pointe ; pédicelles bien longs, forts et peu duveteux.

Feuilles des productions fruitières grandes , ovales-élargies et allongées, se terminant assez brusquement en une pointe longue et large, un peu concaves et un peu recourbées en dessous seulement par leur pointe, entières ou presque entières par leurs bords, s'abaissant bien sur des pétioles longs, peu forts et bien souples.

Caractère saillant de l'arbre : teinte générale du feuillage d'un vert herbacé très-intense ; toutes les feuilles tantôt entières, tantôt dentées très-irrégulièrement et très-peu profondément.

Fruit moyen, piriforme-allongé et peu ventru, atteignant sa plus grande épaisseur bien au-dessous du milieu de sa hauteur ; au-dessus de ce point, s'atténuant par une courbe peu convexe, puis un peu concave en une pointe longue, maigre et aiguë ; au-dessous du même point, s'atténuant par une courbe peu convexe pour diminuer sensiblement d'épaisseur vers la cavité de l'œil.

Peau un peu épaisse et ferme, d'abord d'un vert pâle semé de points gris, très-petits, très-nombreux, serrés et visibles seulement de près. Rarement on trouve quelques traces de rouille sur sa surface. A la maturité, **août,** le vert fondamental passe au jaune clair et brillant, le plus souvent entièrement pur et rarement voilé du côté du soleil d'un soupçon de rouge.

Œil grand, ouvert, à divisions fines, dressées et recourbées en dehors, placé presque à fleur de la base du fruit ou dans une dépression très-peu sensible.

Queue longue, peu forte, ligneuse, courbée ou contournée, charnue à son point d'attache sur la pointe du fruit dont elle semble former la continuation.

Chair d'un blanc un peu jaune, assez fine, demi-beurrée, peu abondante en eau richement sucrée, agréablement relevée, constituant un fruit d'assez bonne qualité.

ROUSSELINE

(N° 79)

Pomologie. JEAN HERMANN KNOOP.
Traité des arbres fruitiers. DUHAMEL.
Versuch einer systematischen Beschreibung. DIEL.
Systematisches Handbuch der Obstkunde. DITTRICH.
Handbuch der Pomologie. HINKERT.
Handbuch aller bekannten Obstsorten. BIEDENFELD.
Anleitung. OBERDIECK.
Dictionnaire de pomologie. ANDRÉ LEROY.

OBSERVATIONS. — Cette très-ancienne variété est d'origine inconnue. On la rencontre aujourd'hui rarement dans les plantations d'arbres fruitiers en France. Cet abandon est dû, sans doute, à la mauvaise végétation de son arbre sur cognassier. Il est d'une fertilité si grande qu'il s'épuise bientôt sur ce sujet. Greffé sur franc, il n'atteint aussi qu'une petite dimension et réclame un sol riche et un climat favorable pour se maintenir en santé. Ces défauts sont un peu compensés par la qualité de son fruit qui, par son mérite comme Poire à couteau ou à confire, se rapproche beaucoup du Rousselet de Rheims.

DESCRIPTION.

Rameaux peu forts, à peine anguleux dans leur contour, un peu flexueux, à entre-nœuds courts, verdâtres et ombrés de gris du côté du soleil ; lenticelles blanches, petites, irrégulièrement espacées et apparentes.

Boutons à bois assez gros, coniques, épais et un peu aigus, à direction un peu écartée du rameau, soutenus sur des supports bien saillants dont les côtés se prolongent très-finement ; écailles d'un marron noirâtre.

Pousses d'été d'un vert décidé, lavées de rouge et peu duveteuses à leur sommet.

Feuilles des pousses d'été petites, ovales-elliptiques, se terminant peu brusquement en une pointe longue et fine, un peu creusées en gouttière et arquées, régulièrement bordées de dents fines et aiguës, assez peu soutenues sur des pétioles longs, grêles et flexibles.

Stipules très-courtes, en alênes fines et très-caduques.

Feuilles stipulaires manquant presque toujours.

Boutons à fruit gros, coniques, épais et un peu aigus ; écailles d'un marron foncé largement maculé de gris blanchâtre.

Fleurs petites ; pétales ovales-arrondis, étalés, peu concaves, entièrement blancs avant l'épanouissement ; pédicelles de moyenne longueur, très-grêles et presque glabres.

Feuilles des productions fruitières petites, régulièrement ovales, se terminant plus ou moins régulièrement en une pointe bien aiguë, concaves, très-régulièrement bordées de dents très-fines et très-peu profondes, mal soutenues sur des pétioles longs, très-grêles et bien souples.

Caractère saillant de l'arbre : toutes les feuilles bien concaves ou creusées en gouttière, régulièrement et bien finement dentées ; pétioles des feuilles des productions fruitières extraordinairement grêles.

Fruit petit, un peu en forme de Calebasse, un peu déformé dans son contour par des côtes aplanies, atteignant sa plus grande épaisseur très-peu au-dessous du milieu de sa hauteur ; au-dessus de ce point, s'atténuant par une courbe d'abord convexe puis bien concave en une pointe peu longue, peu épaisse et un peu obtuse ; au-dessous du même point, s'atténuant par une courbe largement convexe jusque vers l'œil.

Peau un peu épaisse, d'abord d'un vert assez intense semé de points d'un vert plus foncé, petits, nombreux et serrés. Une tache d'une rouille brune couvre le sommet du fruit. A la maturité, **commencement de septembre,** le vert fondamental passe au jaune et les points deviennent moins visibles ; le côté du soleil se lave d'un rouge sanguin sur lequel apparaissent des points d'un gris blanchâtre.

Œil grand, fermé, pressé entre des plis saillants et divergents qui se continuent peu sur la hauteur du fruit.

Queue très-longue, grêle, ligneuse, courbée, d'un brun moucheté de blanc, semblant d'autant mieux former la continuation de la pointe du fruit qu'elle est de la même couleur que la rouille qui la recouvre.

Chair jaunâtre, fine, serrée, demi-beurrée, suffisante en eau sucrée, relevée d'un musc agréable à la manière des Rousselets.

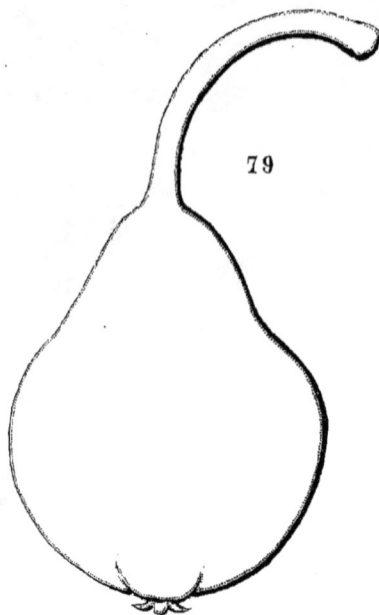

79

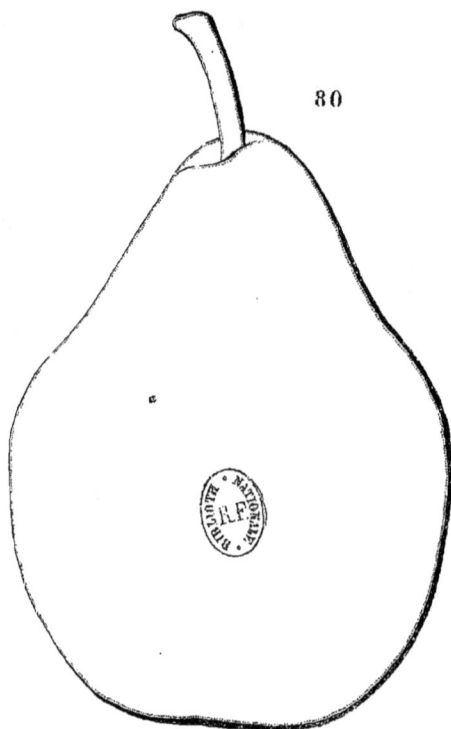

80

79, ROUSSELINE. 80, FRÉDÉRIC LECLERC

n Dell   Imp. A Tournier à Lyon

FRÉDÉRIC LECLERC

(N° 80)

Album de pomologie. BIVORT.
Dictionnaire de pomologie. ANDRÉ LEROY.
Handbuch aller bekannten Obstsorten. BIEDENFELD.
The fruit Manual. ROBERT HOGG.
The Fruits and the fruit-trees of America. DOWNING.

OBSERVATIONS. — D'après M. Bivort, cette variété fut obtenue, en Belgique, par M. Berckmans, maintenant résidant en Amérique. Elle rapporta pour la première fois en 1846 et fut dédiée par son auteur à .M. Leclerc, alors médecin en chef de l'hôpital de Tours. — L'arbre, d'une végétation contenue sur cognassier, est très-propre à former sur ce sujet des fuseaux très-solides. Sa fertilité, sujette à des alternats prolongés, est seulement moyenne et son fruit de longue et facile conservation ne manque pas d'un certain intérêt pour le collectionneur.

DESCRIPTION.

Rameaux très-forts, unis dans leur contour, à peine coudés à leurs entre-nœuds très-courts et inéganx entre eux, d'un vert jaunâtre ; lenticelles blanchâtres, tantôt allongées, tantôt arrondies, assez peu nombreuses et un peu saillantes.

Boutons à bois gros, courts, épatés, obtus, à direction un peu écartée du rameau, soutenus sur des supports renflés dont les côtés et l'arête médiane ne se prolongent pas ; écailles un peu entre ouvertes, d'un marron clair et presque entièrement recouvertes de gris cendré.

Pousses d'été d'un vert gai et colorées d'un rouge intense à leur partie supérieure couverte d'un léger duvet.

Feuilles des pousses d'été moyennes ou petites, ovales, se terminant brusquement en une pointe longue, un peu concaves et recourbées en dessous seulement par leur pointe, en partie bordées de dents· larges et arrondies, entières sur le reste de leur contour, soutenues à peu près ,horizontalement sur des pétioles forts et presque horizontaux.

Stipules moyennes, linéaires, un peu dentées et très-caduques.

Feuilles stipulaires manquant le plus souvent.

Boutons à fruit assez gros, conico-ovoïdes, peu aigus; écailles d'un marron clair et brillant.

Fleurs petites; pétales ovales, étroits, aigus, écartés entre eux, étalés et presque planes; pédicelles courts et cotonneux.

Feuilles des productions fruitières plus grandes que celles des pousses d'été, ovales, peu atténuées vers le pétiole, s'atténuant lentement et régulièrement pour ensuite se terminer un peu brusquement en une pointe un peu longue, concaves ou presque planes, entières ou presque entières par leurs bords, mal soutenues sur des pétioles très-longs, peu forts et flexibles.

Caractère saillant de l'arbre : teinte générale du feuillage d'un vert clair et jaunâtre; pétioles des feuilles des productions fruitières extraordinairement longs et flexibles; rameaux remarquablement forts et courts.

Fruit moyen ou presque moyen, conique-piriforme ou turbiné-conique, souvent bosselé dans sa surface et irrégulier dans son contour, atteignant sa plus grande épaisseur, tantôt plus, tantôt moins au-dessous du milieu de sa hauteur; au-dessus de ce point, s'atténuant par une courbe tantôt convexe, tantôt un peu concave en une pointe peu longue, épaisse et tronquée à son sommet; au-dessous du même point, s'atténuant par une courbe peu convexe pour diminuer peu sensiblement d'épaisseur vers la cavité de l'œil.

Peau un peu épaisse et ferme, d'abord d'un vert gai semé de points bruns, espacés et inégaux entre eux. Une rouille épaisse et brune se disperse en traits sur sa surface et se condense aussi quelques fois en des taches d'une plus grande largeur. A la maturité, **mars, avril,** le vert fondamental passe au jaune paille clair et le côté du soleil conserve plus longtemps sa couleur verte ou, sur les fruits bien exposés, se couvre d'un léger nuage de rouge brun.

Œil petit, presque fermé, à divisions fermes, presque toujours caduques, placé dans une cavité étroite et peu profonde dont les bords un peu aplatis permettent au fruit de se tenir solidement debout.

Queue de moyenne longueur, très-ferme, ligneuse, d'un brun verdâtre, implantée le plus souvent un peu obliquement dans une cavité étroite et peu profonde, dont les bords sont parfois divisés par des rudiments de côtes qui se prolongent peu sensiblement sur la hauteur du fruit.

Chair blanche, un peu veinée de jaune, demi-fine, demi-fondante, suffisante en eau bien sucrée et d'une saveur rafraîchissante.

PHILIPPE-LE-BON

(N° 81)

Catalogue. VAN MONS. 1823.
Anleitung. OBERDIECK.
Systematische Beschreibung der Kernobstsorten. DIEL.

OBSERVATIONS. — D'après le catalogue Van Mons de 1823, cette variété
serait un gain du célèbre semeur belge. Je la crois très-peu connue, et
elle a été décrite seulement par Diel, dans la dernière livraison de sa
Systematische Beschreibung. Lorsque j'en reçus des greffes d'Allemagne,
il y a plus de vingt ans, elles furent employées avec d'autres variétés à des
expériences que je faisais alors de la greffe du Poirier sur Aubépine. Les
deux sujets que j'en obtins se sont toujours montrés d'une bonne santé;
mais ils n'ont atteint qu'un développement moyen, et m'ont paru enclins à
des alternats un peu répétés. On peut donc en conclure qu'elle est une
des rares variétés de Poiriers dont l'alliance à l'aubépine donne des résul-
tats suffisants. Un fait très-anormal s'est aussi produit, lors de l'expérimen
tation des premiers fruits cueillis chez moi ; détachés de l'arbre au mois
de septembre, ils ne montrèrent, pendant tout l'hiver, aucun signe de dé-
térioration, et, au mois d'avril suivant, ils furent trouvés bons et ayant
conservé toute la saveur rafraîchissante d'une Poire d'été. Depuis, ils ont
toujours dû être consommés dans le courant de septembre ou d'octobre.—
L'arbre convient mieux à la grande culture qu'au jardin fruitier et paraît
rustique.

DESCRIPTION.

Rameaux de moyenne force, bien unis dans leur contour à leur base, et à peine
anguleux vers leur sommet, droits, à entre-nœuds très-courts, d'un brun rougeâtre ;
lenticelles grisâtres, petites, peu nombreuses, tantôt arrondies, tantôt allongées et peu
apparentes.

Boutons à bois petits, coniques, courts, épaissis à leur base et cependant bien
aigus, à direction parallèle au rameau vers lequel ils se recourbent un peu par leur pointe,

soutenus sur des supports très-peu saillants dont les côtés et l'arête médiane ne se prolongent pas ; écailles d'un marron rougeâtre terne et largement bordé de gris blanchâtre.

Pousses d'été d'un vert jaune, colorées de rouge et cotonneuses à leur sommet.

Feuilles des pousses d'été à peine moyennes, ovales, se terminant régulièrement en une pointe fine et bien recourbée en dessous, repliées sur leur nervure médiane et arquées, souvent ondulées dans leur contour, bordées de dents très-irrégulières, quelquefois aiguës et recourbées, assez peu soutenues sur des pétioles de moyenne longueur, grêles et flexibles.

Stipules longues, filiformes.

Feuilles stipulaires assez fréquentes.

Boutons à fruit assez gros, coniques, un peu allongés et un peu renflés, à pointe courte et aiguë ; écailles intérieures d'un beau marron foncé ; écailles extérieures recouvertes de gris blanchâtre.

Fleurs moyennes ; pétales ovales-élargis, peu concaves ; divisions du calice longues et bien recourbées en dessous par leur pointe ; pédicelles de moyenne longueur, de moyenne force et un peu laineux.

Feuilles des productions fruitières moyennes, ovales-élargies, se terminant un peu brusquement en une pointe bien fine, ferme et recourbée, peu repliées sur leur nervure médiane, ondulées dans leur contour, bordées de dents imperceptibles, retombant sur des pétioles longs, grêles, flexueux et très-flexibles.

Caractère saillant de l'arbre : teinte générale du feuillage d'un vert jaune ; tous les pétioles remarquablement jaunes, longs, grêles et flexibles ; toutes les feuilles ondulées ; feuilles des productions fruitières pendantes ; les plus jeunes feuilles cotonneuses et bordées de rouge rosat.

Fruit à peine moyen, ovoïde ou turbiné-ovoïde, court et épais, ordinairement bien uni dans son contour, atteignant sa plus grande épaisseur très-peu au-dessous du milieu de sa hauteur ; au-dessus de ce point, s'atténuant assez promptement par une courbe très-largement convexe en une pointe courte, épaisse et obtuse ; au-dessous du même point, s'arrondissant par une courbe plus convexe jusque dans la cavité de l'œil.

Peau épaisse, bien ferme, bien lisse, d'abord d'un vert pâle, blanchâtre, semé de points bruns, très-petits, très-espacés et peu apparents. Quelques larges taches d'une rouille brune se dispersent aussi sur sa surface. A la maturité, **septembre-octobre,** le vert fondamental passe au jaune paille blanchâtre et mat, et le côté du soleil est quelquefois lavé ou taché d'un rouge cerise clair et bien fin.

Œil demi-ouvert, à divisions courtes, très-fermes et souvent caduques, placé dans une cavité étroite, peu profonde, ordinairement unie dans ses parois et par ses bords.

Queue longue, grêle, ligneuse, courbée, attachée perpendiculairement à fleur de la pointe du fruit.

Chair bien blanche, un peu grossière, laissant du marc dans la bouche, beurrée peu abondante en eau richement sucrée, vineuse et parfumée.

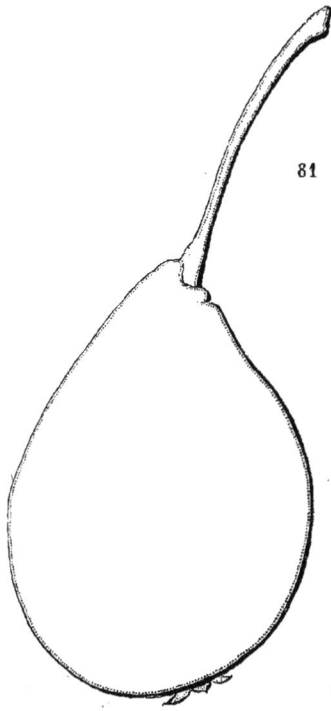

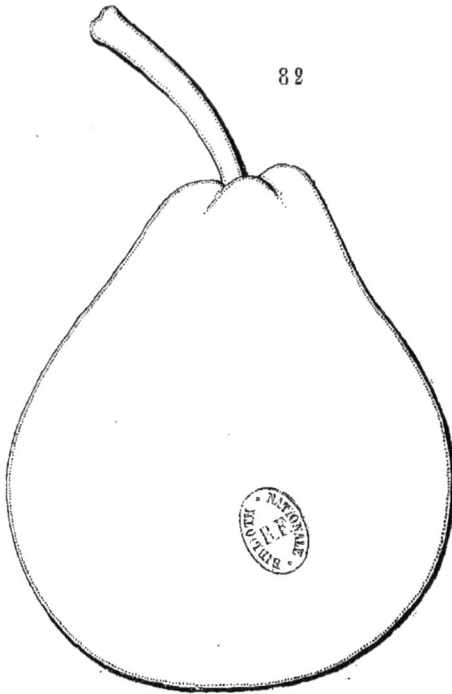

81, PHILIPPE-LE-BON.   82, MARQUISE

Imp. A. Tournier à Lyon

Peinçeon Del

MARQUISE

(N° 82)

Traité des arbres fruitiers. DUHAMEL.
A Guide to the orchard. LINDLEY.
Dictionnaire de pomologie. ANDRÉ LEROY.
MARKGRÆFIN. *Versuch einer systematischen Beschreibung.* DIEL.
Illustrirtes Handbuch der Obstkunde. JAHN.

OBSERVATIONS. — Cette variété est probablement d'origine française. M. Decaisne l'a confondue avec la Délices d'Hardenpont des Belges, et Robert Hogg, en Angleterre, a répété la même erreur, probablement sur l'assertion du célèbre botaniste du Muséum. Une courte observation suffit cependant pour établir les différences sensibles qui existent entre ces deux variétés, dont l'une, la Délices d'Hardenpont, est aussi bien supérieure à l'autre pour la qualité de son fruit. — L'arbre est vigoureux, propre à de grandes formes, aussi bien sur cognassier que sur franc, et sujet à des alternats complets et souvent prolongés. Son fruit est bon, mais n'atteint pas ordinairement la première qualité.

DESCRIPTION.

Rameaux assez forts, obscurément anguleux dans leur contour, un peu flexueux, à entre-nœuds courts, d'un brun jaunâtre clair, un peu rougeâtre et ombré de gris du côté du soleil ; lenticelles blanchâtres, inégales entre elles, peu nombreuses et apparentes.

Boutons à bois petits, coniques, épais, un peu courts et bien aigus, à direction bien écartée du rameau, soutenus sur des supports un peu saillants dont les côtés se prolongent distinctement ; écailles d'un marron rougeâtre peu foncé et largement bordé de gris blanchâtre.

Pousses d'été d'un vert brun, un peu lavées de rouge et couvertes à leur sommet d'un duvet rare et très-court.

Feuilles des pousses d'été, assez petites, ovales-allongées, s'atténuant en une pointe étroite et bien recourbée, un peu repliées sur leur nervure médiane, entières par leurs bords, retombant sur des pétioles de moyenne longueur, forts et presque horizontaux.

Stipules moyennes, lancéolées-étroites, très-caduques.

Feuilles stipulaires fréquentes.

Boutons à fruit moyens, coniques, bien aigus ; écailles d'un marron jaunâtre clair et presque entièrement recouvertes de gris blanchâtre.

Fleurs moyennes ; pétales ovales, remarquablement ondulés dans leur contour, finement veinés de rose avant et après l'épanouissement ; divisions du calice de moyenne longueur, bien étroites, finement aiguës, étalées ; pédicelles de moyenne longueur, grêles et duveteux.

Feuilles des productions fruitières plus grandes, plus élargies que celles des pousses d'été, se terminant en une pointe plus courte, bien repliées sur leur nervure médiane et sensiblement ondulées dans leur contour, entières ou très-obscurément dentées par leurs bords, soutenues horizontalement sur des pétioles longs, assez forts et peu redressés.

Caractère saillant de l'arbre : teinte générale du feuillage d'un vert bleu ; toutes les feuilles entières ou presque entières par leurs bords.

Fruit moyen ou presque gros, conique-piriforme, plus ou moins allongé, plus ou moins ventru, parfois un peu déformé dans son contour, atteignant sa plus grande épaisseur bien au-dessous du milieu de sa hauteur ; au-dessus de ce point, s'atténuant par une courbe d'abord peu convexe puis un peu concave en une pointe assez longue, assez épaisse et souvent obliquement tronquée à son sommet ; au-dessous du même point, s'arrondissant par une courbe largement convexe jusque dans la cavité de l'œil.

Peau un peu épaisse et cependant tendre, d'abord d'un vert clair semé de points bruns, assez nombreux, peu larges et cependant apparents. Des traits d'une rouille fine se dispersent assez souvent sur sa surface et se concentrent surtout sur la base du fruit et dans la cavité de l'œil. A la maturité, **courant d'hiver**, le vert fondamental passe au jaune verdâtre, un peu doré du côté du soleil et rarement lavé d'un nuage de rouge brun.

Œil petit, ouvert, à divisions courtes, fermes, placé dans une cavité assez étroite, peu profonde et divisée par ses bords en côtes peu prononcées.

Queue longue, peu forte, ligneuse, ferme, attachée au sommet du fruit entre des plis charnus.

Chair d'un blanc jaunâtre, assez fine, grenue, un peu pierreuse vers le cœur, suffisante en eau très-sucrée, mais souvent peu parfumée.

COMTESSE DE GRAILLY

(N° 83)

OBSERVATIONS. — Cette variété, que je crois inédite, me fut envoyée, il y a cinq ans, par M. Eugène des Nouhes, propriétaire au château de la Cacaudière, près Pouzauges (Vendée). Il me la recommanda comme un de ses nouveaux gains. L'étude que j'ai pu en faire m'a prouvé que l'arbre est d'une bonne végétation sur cognassier et que son fruit doit être compté parmi ceux de première qualité. Aussi, je la recommande aux pomologistes qui ne la connaissent pas encore, et je suis tout disposé à leur en faire part sur leur demande.

DESCRIPTION.

Rameaux de moyenne force, souvent un peu épaissis à leur sommet, à peine coudés à leurs entre-nœuds courts et inégaux entre eux, bien unis dans leur contour et colorés de rougeâtre ; lenticelles larges, saillantes, nombreuses et apparentes.

Boutons à bois bien petits, coniques, maigres, bien aigus, à direction bien écartée du rameau, soutenus sur des supports très-peu saillants dont les côtés et l'arête médiane ne se prolongent pas ; écailles d'un marron rougeâtre terne.

Pousses d'été d'un vert vif, bien colorées de rouge et duveteuses à leur sommet.

Feuilles des pousses d'été moyennes ou petites, obovales, se terminant brusquement en une pointe très-courte et fine, repliées sur leur nervure médiane et bien arquées, bordées de dents très-larges, inégales entre elles, peu profondes et émoussées, se recourbant sur des pétioles courts, peu forts et un peu flexibles.

Stipules longues, linéaires, très-étroites.

Feuilles stipulaires fréquentes et nombreuses.

Boutons à fruit petits, coniques, maigres, aigus ; écailles d'un marron peu foncé maculé de la même couleur plus intense.

Fleurs assez grandes ; pétales ovales-elliptiques, peu concaves, à onglet peu long, peu écartés entre eux ; divisions du calice assez courtes et bien recourbées en dessous ; pédicelles courts, grêles et duveteux.

Feuilles des productions fruitières moyennes, ovales-elliptiques, se terminant un peu brusquement en une pointe courte et fine, peu repliées sur leur nervure médiane, parfois largement ondulées dans leur contour, bordées de dents très-peu profondes, couchées et aiguës, assez bien soutenues sur des pétioles de moyenne longueur, de moyenne force, redressés et un peu fermes.

Caractère saillant de l'arbre : teinte générale du feuillage d'un vert clair et vif ; feuilles des pousses d'été très-sensiblement obovales.

Fruit moyen, sphérico-conique, bien tronqué à ses deux pôles, ordinairement assez uni dans son contour, atteignant sa plus grande épaisseur à peu près au milieu de sa hauteur ; au-dessus de ce point, s'atténuant par une courbe largement convexe en une pointe courte, très-épaisse et largement tronquée ; au-dessous du même point, s'arrondissant par une courbe bien convexe pour ensuite s'aplatir un peu autour de la cavité de l'œil.

Peau un peu épaisse et ferme, d'abord d'un vert très-clair et pâle semé de petits points fauves, nombreux et bien régulièrement espacés. Une tache de rouille d'un brun fauve recouvre ordinairement la cavité de l'œil et la base du fruit. A la maturité, **octobre-novembre**, le vert fondamental passe au beau jaune citron, bien doré du côté du soleil sur lequel les points sont de couleur plus foncée et plus apparents.

Œil petit, fermé, placé dans une cavité peu profonde, bien évasée, à peine déformée dans ses bords par des côtes très-aplanies qui se prolongent parfois d'une manière très-obscure sur la hauteur du fruit.

Queue courte, forte, un peu élastique, attachée perpendiculairement dans une petite cavité, divisée dans ses bords par des rudiments de côtes.

Chair blanche, fine, fondante, à peine un peu granuleuse vers le cœur, abondante en eau bien sucrée et délicatement parfumée.

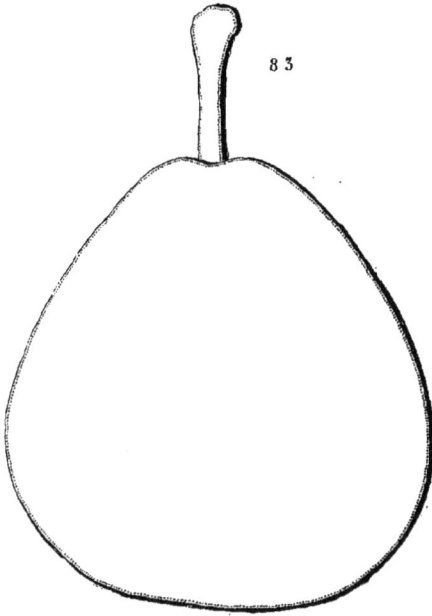

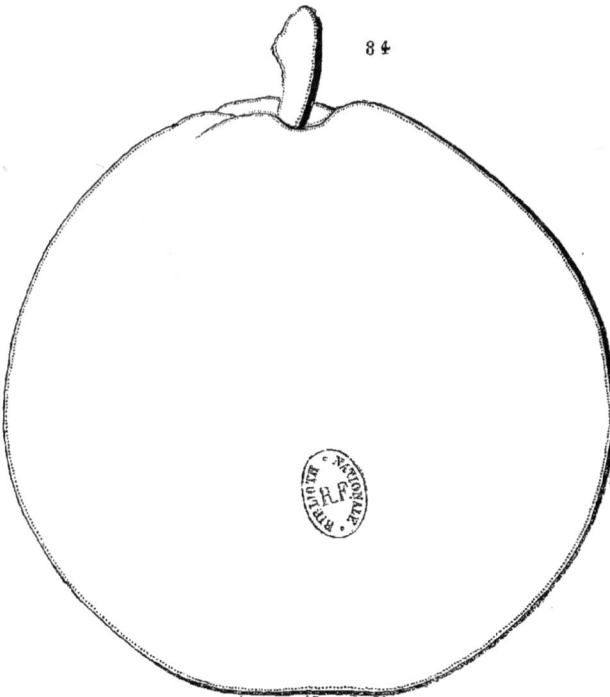

83, COMTESSE DE CRAILLY.   84, DOYENNÉ DE BORDEAUX

Imp. A. Tourn

DOYENNÉ DE BORDEAUX

(Nᵒ 84)

Congrès pomologique de France.
Notices pomologiques. DE LIRON D'AIROLES.
Jardin fruitier du Muséum. DECAISNE.
Dictionnaire de pomologie. ANDRÉ LEROY.

OBSERVATIONS. — Voici le résumé des renseignements fournis sur cette variété par M. de Liron d'Airoles : Elle est cultivée aux environs de Bordeaux sous le nom de Doyenné d'hiver, et, en 1859, le Congrès pomologique de France, réuni dans cette ville, changea cette dénomination qui faisait double emploi avec celle du véritable Doyenné d'hiver en celle de Doyenné de Bordeaux. Les plus vieux arbres connus de cette variété semblent remonter à une centaine d'années et aucune trace de son origine, soit par tradition, soit par écrit, n'existe dans la contrée. Elle est assez estimée sur les marchés pour qu'il s'en fasse de nombreuses plantations, et, quoique son fruit soit seulement d'assez bonne qualité, cette préférence s'explique par son beau volume, sa facilité de conservation, la bonne santé et la fertilité de l'arbre qui le porte. Les observations que nous avons pu faire depuis près de vingt ans, viennent confirmer les avantages attachés à la culture de cette variété.

DESCRIPTION.

Rameaux forts, obscurément anguleux dans leur contour, un peu coudés à leurs entre-nœuds courts, d'un brun jaunâtre à l'ombre, à peine teintés de rouge du côté du soleil ; lenticelles blanchâtres, larges, saillantes, nombreuses et apparentes.

Boutons à bois gros, coniques, épais et émoussés, à direction bien écartée du rameau, soutenus sur des supports renflés et dont l'arête médiane se prolonge seule et obscurément ; écailles d'un marron rougeâtre, largement bordées de gris blanchâtre.

Pousses d'été d'un vert pâle, à peine lavées de rouge et à peine duveteuses à leur sommet.

Feuilles des pousses d'été moyennes, obovales, se terminant un peu brusquement en une pointe courte et fine, à peine repliées sur leur nervure médiane et non arquées, bordées de dents assez profondes, couchées et un peu aiguës, assez peu soutenues sur des pétioles un peu longs, grêles et flexibles.

Stipules bien longues, linéaires très-étroites et finement dentées.

Feuilles stipulaires manquant ordinairement.

Boutons à fruit moyens, coniques, un peu allongés et un peu aigus ; écailles d'un marron terne et presque uniforme.

Fleurs moyennes ; pétales ovales-elliptiques, parfois un peu aigus à leur sommet, concaves, à onglet court, peu écartés entre eux ; divisions du calice de moyenne longueur, bien recourbées en dessous et souvent annulaires ; pédicelles asssez courts, de moyenne force et peu duveteux.

Feuilles des productions fruitières moyennes, ovales-elliptiques, se terminant brusquement en une pointe très-courte et très-fine, plus ou moins concaves, bordées de dents fines, peu profondes et peu aiguës, assez peu soutenues sur des pétioles longs, grêles et un peu flexibles.

Caractère saillant de l'arbre : teinte générale du feuillage d'un vert herbacé et peu brillant ; stipules extraordinairement longues ; les plus jeunes feuilles colorées de rouge.

Fruit gros, conico-cylindrique, largement tronqué à ses deux extrémités, tantôt paraissant plus haut que large, tantôt bien plus large que haut, souvent irrégulier dans sa forme, atteignant sa plus grande épaisseur parfois presque au milieu de sa hauteur et le plus souvent près de sa base ; au-dessus de ce point, s'atténuant par une courbe peu convexe en une pointe un peu longue ou courte, remarquablement épaisse et très-largement tronquée à son sommet ; au-dessous du même point, s'arrondissant par une courbe bien convexe pour s'aplatir ensuite un peu autour de la cavité de l'œil, en un mot, ayant quelques rapports de forme et d'apparence avec le Doyenné d'hiver.

Peau épaisse, d'abord d'un vert gai semé de points bruns, nombreux, bien régulièrement espacés, apparents et se confondant souvent avec un réseau d'une rouille de même couleur qui se condense en une tache large et irrégulière, soit dans la cavité de la queue, soit dans celle de l'œil. A la maturité, **novembre, décembre et courant d'hiver ,** le vert fondamental passe au jaune paille terne et un peu foncé, et le côté du soleil se teint de jaune orange ou se distingue par une large tache d'une rouille dense et de couleur fauve.

Œil moyen, demi-ouvert ou fermé, à divisions courtes et fermes, placé dans une cavité étroite, profonde, quelquefois plus évasée, bosselée dans ses parois et irrégulière par ses bords.

Queue courte, très-forte, bien épaissie à son point d'attache au rameau, un peu courbée, attachée dans une dépression irrégulière, divisée par ses bords en côtes inégales qui le plus souvent ne se continuent pas sur la hauteur du fruit.

Chair blanchâtre, peu fine, grenue et un peu pierreuse vers le cœur, assez tendre, suffisante en eau sucrée, relevée d'un acide agréable et d'un parfum peu prononcé.

ROUSSELET VANDERWECKEN

(N° 85)

Annales de pomologie belge. BIVORT.
Catalogue. PAPELEU. 1862-1863.
The Fruits and the fruit-trees of America. DOWNING.

OBSERVATIONS. — Obtenue par M. Grégoire, cette variété fut dédiée par lui à M. Vanderwecken, directeur de l'école moyenne de l'État, à Jodoigne. — L'arbre, d'une bonne vigueur sur cognassier, s'accommode peu de la taille même sur ce sujet ; son rapport est trop tardif et trop souvent interrompu ; aussi, sa meilleure destination est-elle la mi-tige abandonnée à elle-même. Greffé sur franc, il conviendrait au grand verger, mais malheureusement son fruit, quoique délicieux, est d'un si petit volume que je n'ose le recommander qu'au cultivateur-amateur.

DESCRIPTION.

Rameaux de moyenne force, allongés, bien fluets à leur sommet, obscurément anguleux dans leur contour, droits, à entre-nœuds très-courts, d'un gris rougeâtre à leur base, d'un rouge sanguin à leur partie supérieure ; lenticelles d'un gris terne, saillantes, nombreuses, larges et cependant peu apparentes.

Boutons à bois petits, courts, épatés, peu aigus, presque appliqués au rameau, soutenus sur des supports presque nuls dont l'arête médiane se prolonge obscurément ; écailles entre ouvertes, d'un marron rougeâtre terne.

Pousses d'été d'un vert clair, colorées d'un rouge vif et presque glabres à leur sommet.

Feuilles des pousses d'été grandes, ovales, se terminant bien régulièrement en une pointe bien longue, bien repliées sur leur nervure médiane et bien arquées, régulièrement bordées de dents un peu profondes et un peu aiguës, assez peu soutenues sur des pétioles longs, grêles et un peu flexibles.

Stipules longues, linéaires-étroites.

Feuilles stipulaires très-fréquentes.

Boutons à fruit petits, coniques, courts, un peu aigus ; écailles d'un marron rougeâtre.

Fleurs grandes ; pétales obovales bien élargis, frêles, d'un blanc transparent, légèrement veinés de rose avant l'épanouissement ; divisions du calice courtes, élargies, et à pointe courte ; pédicelles longs, grêles et laineux.

Feuilles des productions fruitières ovales-élargies ou elliptiques-arrondies, s'atténuant très-lentement pour se terminer en une pointe souvent très-courte, bien repliées sur leur nervure médiane et un peu arquées, régulièrement bordées de dents très-fines et très-peu profondes, mal soutenues sur des pétioles assez longs, peu forts et flexibles.

Caractère saillant de l'arbre : teinte générale du feuillage d'un beau vert brillant ; feuilles des pousses d'été remarquablement creusées en gouttière et arquées ; serrature de toute les feuilles bien régulière ; arbre élégant par son port et par son feuillage.

Fruit petit, turbiné-ovoïde, souvent un peu déformé dans son contour, atteignant sa plus grande épaisseur plus ou moins au-dessous du milieu de sa hauteur ; au-dessus de ce point, s'atténuant par une courbe d'abord largement convexe, puis à peine concave en une pointe courte et obtuse ; au-dessous du même point, s'arrondissant par une courbe plus ou moins convexe pour ensuite s'aplatir un peu autour de la cavité de l'œil.

Peau fine, mince, tendre, d'abord d'un vert très-clair semé de points bruns, très-petits, souvent peu visibles. Une tache d'une rouille fauve couvre le sommet du fruit et parfois la cavité de l'œil. A la maturité, **octobre, novembre,** le vert fondamental passe au jaune citron clair, et le côté du soleil est doré ou rarement à peine lavé d'un soupçon de rouge.

Œil grand pour le volume du fruit, ouvert ou demi-ouvert, placé dans une cavité très-peu profonde qui le contient à peine et dont les bords se divisent en côtes très-aplanies se prolongeant souvent un peu sur la hauteur du fruit.

Queue courte, un peu forte, ligneuse, courbée, attachée perpendiculairement entre des plis divergents formés par la pointe du fruit.

Chair blanchâtre, transparente, bien fine, bien fondante, richement sucrée, et très-agréablement parfumée de musc.

85

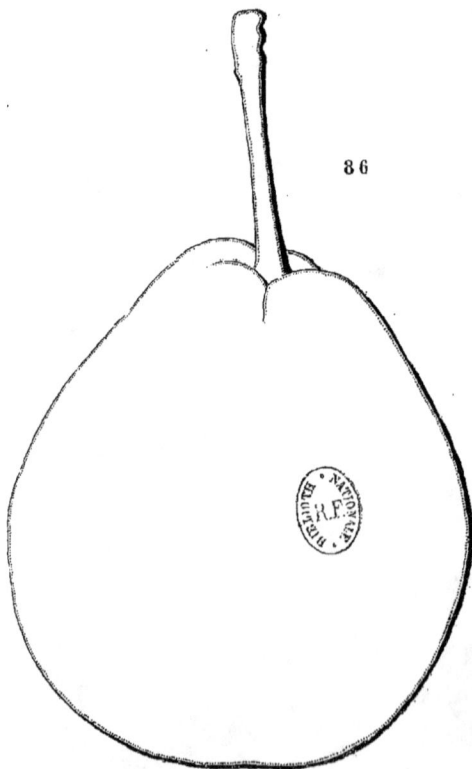

86

85, ROUSSELET VANDERWECKEN. 86, HENRIETTE VAN CAUWENBERGHE

HENRIETTE VAN CAUWENBERGHE

(N° 86)

Catalogue. PAPELEU. 1853–1854.
Bulletin du Cercle professoral de Belgique. PYNAERT.

OBSERVATIONS. — Nous transcrivons les observations données par M.
Pynaert sur l'origine de cette variété dans le *Bulletin du Cercle professoral de Belgique*, année 1867, page 194 : Ce fruit, originaire d'Audenardes,
y est ordinairement désigné sous le nom de Poire Henriette. D'après les
renseignements qui nous ont été fournis par M. Liefmans de la Gache, un
de nos plus zélés amateurs de pomologie, ce serait un gain de feu
M. Liévin Van Cauwenberghe, agent d'affaire à Audenardes, où il
aurait fructifié pour la première fois vers 1827. Il nous semble qu'il est
utile de donner à cette excellente variété le nom qui lui revient et sous
lequel, d'ailleurs, feu Papeleu l'a mise dans le commerce. Cela nous paraît d'autant plus indispensable qu'on pourrait la confondre (ce que plusieurs ont déjà fait) avec une autre Poire Henriette, obtenue par M. Bouvier, de Jodoigne, et qui en est bien distincte. — L'arbre, d'une végétation
bien contenue sur cognassier, convient surtout pour la haute tige sur
franc. Son produit est des plus abondant l'année de rapport, mais il est
sujet à des alternats répétés et quelquefois prolongés. Son fruit de bonne
quatité est d'un transport facile par la consistance de sa peau et par sa
maturation prolongée ; il est d'assez jolie apparence pour être recherché
sur le marché.

DESCRIPTION.

Rameaux forts, obscurément anguleux dans leur contour, à peine flexueux, à
entre-nœuds courts, d'un beau jaune un peu ombré de gris du côté du soleil ; lenticelles
blanchâtres, un peu larges, nombreuses, régulièrement espacées, un peu saillantes et
apparentes.

Boutons à bois gros, coniques, épais et un peu émoussés, à direction bien
écartée du rameau, soutenus sur des supports très-peu saillants dont les côtés et l'arête
médiane se prolongent très-peu distinctement ; écailles entièrement recouvertes d'une poussière gris cendré.

Pousses d'été d'un vert noisette à leur base, d'un vert jaune et couvertes à leur sommet d'un duvet cotonneux, court et serré.

Feuilles des pousses d'été ovales-elliptiques, se terminant peu brusquement en une pointe un peu longue et parfois contournée, un peu concaves ou creusées en gouttière et bien arquées, irrégulièrement bordées de dents larges et obtuses, bien soutenues sur des pétioles forts, un peu longs et redressés.

Stipules plus ou moins longues, linéaires-étroites.

Feuilles stipulaires se montrant quelquefois.

Boutons à fruit assez gros, conico-ovoïdes, un peu aigus ; écailles d'un marron rougeâtre terne et uniforme.

Fleurs assez grandes, bien blanches ; pétales ovales-allongés, bien concaves, un peu lavés de rose avant l'épanouissement ; pédicelles de moyenne longueur, forts et couverts d'un duvet soyeux et blanchâtre.

Feuilles des productions fruitières ovales très-allongées et souvent sensiblement atténuées vers le pétiole, à peine repliées sur leur nervure médiane et souvent ondulées dans leur contour, entières ou très-peu profondément dentées par leurs bords, assez mal soutenues sur des pétioles peu longs, peu forts et un peu souples.

Caractère saillant de l'arbre : teinte générale du feuillage d'un vert bleu peu foncé et recouvert d'un ton grisâtre ; feuilles des pousses d'été très-épaisses et blanchâtres à leur page inférieure ; bois fort et roide.

Fruit moyen ou presque gros, piriforme-ovoïde et un peu ventru, parfois un peu bosselé dans son contour, atteignant sa plus grande épaisseur peu au-dessous du milieu de sa hauteur ; au-dessus de ce point, s'atténuant par une courbe d'abord convexe, puis concave en une pointe un peu longue, plus ou moins épaisse et bien tronquée à son sommet ; au-dessous du même point, s'atténuant par une courbe largement convexe pour ensuite s'aplatir sur une très-petite étendue autour de la cavité de l'œil.

Peau un peu épaisse et ferme, d'abord d'un vert d'eau pâle et blanchâtre semé de points d'un gris brun, petits, peu apparents et souvent mélangés avec de nombreuses petites taches d'une rouille brune qui se condensent surtout du côté de la lumière. A la maturité, **octobre**, le vert fondamental passe au jaune orange mat et la rouille, du côté du soleil, prend une teinte dorée.

Œil petit, fermé, à divisions courtes, fermes, parfois caduques, placé dans une cavité étroite et peu profonde qui le contient exactement.

Queue de moyenne longueur, bien roide, ligneuse, d'un brun jaune, implantée bien perpendiculairement dans une cavité assez large et peu profonde.

Chair blanche, fine, fondante, abondante en eau sucrée, vineuse et agréablement parfumée.

POIRE-POMME

(N° 87)

Jardin fruitier du Muséum. DECAISNE.
Nouveau traité des arbres fruitiers. LOISELEUR-DESLONCHAMPS.
APFELBIRNE. *Illustrirtes Handbuch der Obstkunde.* JAHN.
DÉLICES D'HARDENPONT. *Pomologie de la Seine-Inférieure.* PRÉVOST.
POMME D'HIVER. *Dictionnaire de pomologie.* ANDRÉ LEROY.

OBSERVATIONS. — Les divergences d'opinion des pomologistes ne donnent aucune probabilité sur l'origine de cette variété déjà ancienne. Je
l'ai reçue sous les deux noms de *Beurré de Rackencheim* et *Beurré de
Rackenghen*, qui ne peuvent contribuer à éclairer la question ; le premier
a une désinence allemande et celle du second serait plutôt flamande, et
d'où lui viennent ces noms entre lesquels on ne sait celui qui est à préférer? Ce que je puis affirmer, et contrairement à l'opinion de M. André
Leroy, c'est que le *Délices d'Hardenpont* de Prévost est bien notre *Poire-
Pomme* et c'est ici l'occasion de rappeler l'importance, en pomologie, de la
description de l'arbre qui a quelquefois plus de valeur que celle du fruit.
Ainsi, Prévost dit que les feuilles de sa variété sont sensiblement ondulées et.
entières par leurs bords, c'est évidemment un caractère qui convient à la
Poire-Pomme, et nullement au *Délices d'Hardenpont d'Angers* auquel on a
rendu depuis peu de temps son nom d'origine, Fondante du Panisel.
M. André Leroy croit aussi notre variété identique avec la *Poire-Pomme*
de Sickler et de Diel. La description de l'arbre et du fruit, donnée par
Diel, engagent à un doute prudent ; car, les différences entre ces deux
variétés sont bien grandes pour autoriser une affirmation. La *Poire-
Pomme*, que Couverchel décrit d'après Leberryais, est aussi distincte par
sa forme et par sa faculté de très-longue conservation. — L'arbre de la
variété que nous allons décrire est vigoureux, fait attendre longtemps son
rapport sur franc et devient ensuite d'une très-grande fertilité. Il convient
au grand verger.

DESCRIPTION.

Rameaux de moyenne force, unis dans leur contour, flexueux, à entre-nœuds courts, d'un rouge sanguin très-foncé et un peu violet ; lenticelles blanchâtres, petites, assez peu nombreuses et peu apparentes.

Boutons à bois gros, coniques-allongés et finement aigus, à direction peu écartée du rameau, soutenus sur des supports bien saillants dont les côtés et l'arête médiane ne se prolongent pas ; écailles d'un marron peu foncé et largement bordé de gris.

Pousses d'été bien fluettes, d'un vert jaune nuancé de rouge brun, colorées de rouge sanguin à leur sommet couvert d'un duvet blanc, soyeux et épais.

Feuilles des pousses d'été petites, ovales-elliptiques, sensiblement atténuées à leurs deux extrémités, se terminant assez régulièrement en une pointe longue, un peu concaves ou repliées sur leur nervure médiane, sensiblement ondulées dans leur contour, entières par leur bords ou dentées d'une manière inappréciable, soutenues horizontalement sur des pétioles de moyenne longueur, très-grêles, colorés de rouge vif et peu redressés.

Stipules tantôt de moyenne longueur, tantôt courtes, filiformes et persistantes.

Feuilles stipulaires assez rares.

Boutons à fruit moyens, conico-ovoïdes, courts et à pointe courte ; écailles d'un marron peu foncé.

Fleurs moyennes ; pétales ovales-élargis et bien atténués à leur sommet, étalés, peu concaves, blancs avant l'épanouissement ; divisions du calice de moyenne longueur, annulaires et cotonneuses ainsi que les pédicelles qui sont très-courts et de moyenne force.

Feuilles des productions fruitières grandes, ovales plus ou moins allongées, contournées, se terminant assez régulièrement en une pointe peu longue et bien recourbée, sensiblement ondulées dans leur contour et ordinairement entières par leurs bords, bien soutenues sur des pétioles longs, grêles et roides.

Caractère saillant de l'arbre : teinte générale du feuillage d'un vert bleu et brillant ; feuilles chiffonnées, inégales entre elles et ondulées ; les plus jeunes bordées de rouge et couvertes sur leurs nervures, leurs bords et leur page inférieure d'une sorte de réseau cotonneux.

Fruit petit ou presque moyen, sphérique, largement tronqué à ses deux pôles, ordinairement uni dans son contour, atteignant sa plus grande épaisseur à peu près au milieu de sa hauteur ; au-dessus et au-dessous de ce point, s'arrondissant par des courbes presque de même longueur et presque également convexes, soit du côté de la queue, soit du côté de l'œil autour duquel il s'aplatit un peu.

Peau mince, tendre, un peu grenue, d'abord d'un vert intense semé de points bruns, assez larges, très-nombreux, serrés et régulièrement espacés. On remarque aussi de nombreuses tavelures d'une rouille brune se dispersant sur sa surface et une tache plus large couvrant la cavité de la queue et toute la base du fruit. A la maturité, **novembre, décembre,** le vert fondamental passe au jaune intense un peu verdâtre, la rouille s'éclaircit et le côté du soleil est ordinairement indiqué par des taches de rouille plus nombreuses et un peu dorées.

Œil petit, demi-ouvert, à divisions courtes, fermes, grisâtres, quelquefois caduques, placé dans une cavité assez large et un peu profonde.

Queue courte, roide, ligneuse, épaissie et un peu courbée à son point d'attache au rameau, attachée perpendiculairement dans une petite cavité peu profonde.

Chair jaune, tendre, succulente, beurrée et un peu pierreusee vers le cœur, suffisante en eau très-sucrée et assez agréablement relevée.

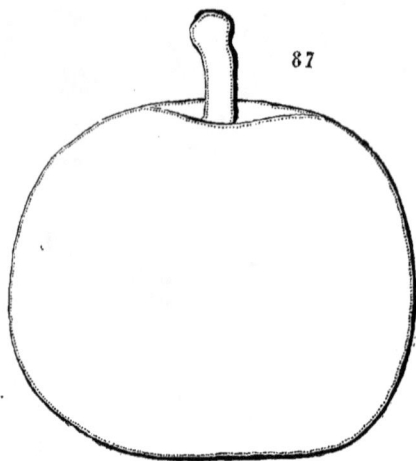

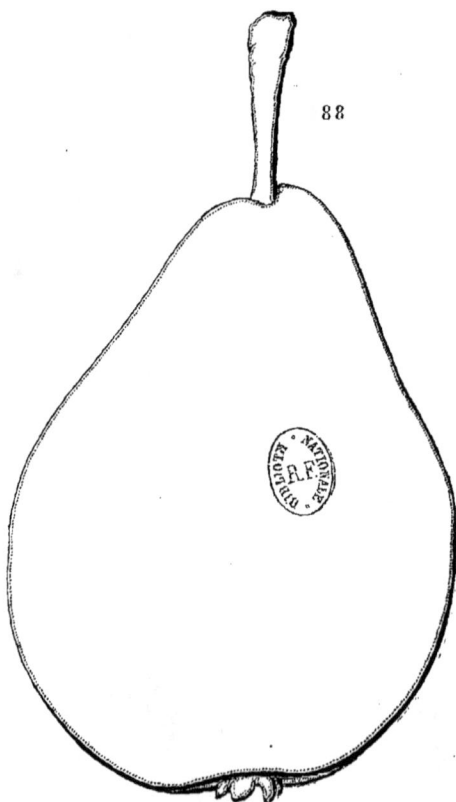

87, POIRE-POMME.　88, BEAU-PRÉSENT D'ARTOIS

Peingeon Del.ᵗ　　　Imp. A. Tournier à Lyon

BEAU PRÉSENT D'ARTOIS

(N° 88)

Pomologie de la Seine-Inférieure. PRÉVOST.
Dictionnaire de pomologie. ANDRÉ LEROY.
The Fruits and the fruit-trees of America. DOWNING.
The fruit Manual. ROBERT HOGG.

OBSERVATIONS. — Rien de certain n'a encore été établi sur l'origine de cette variété. M. André Leroy a voulu en trouver une probabilité dans le synonyme de *Présent royal de Naples* qu'il lui attribue et que M. Prévost lui avait donné sous une forme douteuse. La variété que j'ai reçue d'Allemagne sous ce dernier nom, et il y a plus de vingt ans, n'est autre que le *Rateau gris* ou *Poire Livre*, et le *Présent royal de Naples*, décrit et figuré dans l'*Illustrirtes Handbuch*, Tome II, page 159, a de grands rapports avec le *Rateau gris* et pas un seul trait de ressemblance avec le *Beau Présent d'Artois.* — L'arbre, d'une vigueur très-contenue sur cognassier, ne convient qu'à de petites formes sur ce sujet, et surtout à celle de fuseau. Sa haute tige sur franc se comporte bien dans sa végétation, mais son fruit mal attaché exige une exposition abritée. Il est variable dans sa qualité qui est souvent bonne et s'améliore toujours par une cueillette anticipée.

DESCRIPTION.

Rameaux forts, souvent surmontés d'un bouton à fruit à leur sommet, un peu coudés à leurs entre-nœuds courts, d'un vert sombre teinté de rougeâtre par places ; lenticelles blanchâtres et allongées.

Boutons à bois épais, courts, obtus, à direction presque parallèle au rameau, soutenus sur des supports saillants et dont les côtés se prolongent à peine ; écailles d'un marron presque noir et finement bordé de gris argenté.

Pousses d'été d'un vert jaunâtre et un peu duveteuses à leur sommet.

Feuilles des pousses d'été moyennes, ovales un peu élargies, peu repliées sur leur nervure médiane ou presque planes, peu arquées, bordées de dents profondes et bien aiguës, assez bien soutenues sur des pétioles forts, courts et un peu recourbés.

Stipules longues, lancéolées.

Feuilles stipulaires rares.

Boutons à fruit gros, presque sphériques ou ovoïdes courts, se terminant en une pointe courte et émoussée ; écailles d'un marron foncé largement maculé de gris blanchâtre.

Fleurs assez grandes, quelquefois un peu semi-doubles ; pétales arrondis, un peu roses avant l'épanouissement ; pédicelles assez courts, grêles et presque glabres.

Feuilles des productions fruitières plus petites que celles des pousses d'été, à peine repliées sur leur nervure médiane ou mêmes convexes, bordées de dents peu profondes et bien aiguës, assez bien soutenues sur des pétioles courts, grêles et un peu redressés.

Caractère saillant de l'arbre : teinte générale du feuillage d'un vert sombre et foncé ; feuilles des productions fruitières sensiblement plus petites que celles des pousses d'été et souvent remarquablement convexes.

Fruit moyen, turbiné-piriforme, plus ou moins allongé, ordinairement régulier dans son contour, atteignant sa plus grande épaisseur bien près de sa base ; au-dessus de ce point, s'atténuant par une courbe d'abord un peu convexe puis largement concave en une pointe plus ou moins longue, peu épaisse, tantôt aiguë, tantôt un peu obtuse ; au-dessous du même point, s'arrondissant par une courbe plus ou moins convexe jusque dans la cavité de l'œil.

Peau un peu épaisse, d'abord d'un vert clair semé de points d'un gris fauve, larges, nombreux, régulièrement espacés et bien apparents. Une rouille d'un brun clair se disperse assez souvent sur sa surface et presque toujours couvre le sommet du fruit. A la maturité, **commencement d'août,** le vert fondamental passe au jaune verdâtre et le côté du soleil, sur les fruits bien exposés, est flammé d'un rouge clair sur lequel apparaissent des points jaunes.

Œil grand, ouvert, à divisions courtes, aiguës, quelquefois caduques, placé presque à fleur du fruit dans une petite cavité très-peu profonde.

Queue courte, assez forte, épaissie à son point d'attache au rameau, un peu courbée, attachée perpendiculairement entre des plis charnus, divergents et d'inégale longueur.

Chair blanche, fine, fondante, abondante en eau sucrée, acidulée et agréablement parfumée toutes les fois que le sol ou la saison sont favorables.

ENFANT PRODIGUE

(N° 89)

Album de pomologie. BIVORT.
Handbuch aller bekannten Obstsorten. BIEDENFELD.
Dictionnaire de pomologie. ANDRÉ LEROY.
ROUSSELET ENFANT PRODIGUE. *The fruit Manual.* ROBERT HOGG.
The Fruits and the fruit-trees of America. DOWNING.
VERSCHWENDERIN. *Illustrirtes Handbuch der Obstkunde.* JAHN.

OBSERVATIONS. — L'opinion la plus accréditée attribue cette variété à
Van Mons. Les premiers auteurs qui l'ont décrite, Bivort et Biedenfeld,
accordent à son fruit une maturité bien plus tardive que celle que j'ai pu
depuis longtemps constater chez moi, février ou mai au lieu d'octobre ou
novembre. — L'arbre, d'une assez bonne végétation, n'est pas cependant
disposé à prendre de grandes dimensions et s'élève naturellement sous
forme pyramidale. Si sa fertilité n'eut pas toujours été chez moi des plus
équivoques, la qualité de son fruit m'eut décidé à ranger cette variété parmi
celles de premier mérite.

DESCRIPTION.

Rameaux assez peu forts, bien unis dans leur contour, d'un vert sombre et
intense ; lenticelles jaunâtres, peu nombreuses, extraordinairement petites, presque imperceptibles.

Boutons à bois assez gros, coniques, maigres, bien allongés, bien aigus, à
direction bien écartée du rameau, soutenus sur des supports très-peu saillants dont les
côtés et l'arête médiane ne se prolongent pas ; écailles d'un marron noir et brillant, un peu
bordé de gris sombre.

Pousses d'été d'un vert terne et couvertes à leur sommet d'un duvet gris
sombre.

Feuilles des pousses d'été assez petites, presque elliptiques, plus ou
moins élargies, se terminant en une pointe assez courte, bien fine et recourbée, bien repliées
sur leur nervure médiane et souvent contournées, irrégulièrement bordées de dents larges,
peu profondes et obtuses, se recourbant sur des pétioles de moyenne longueur, de
moyenne force et presque horizontaux.

Stipules courtes, en alênes très-étroites.

Feuilles stipulaires assez rares.

Boutons à fruit un peu gros, conico-ovoïdes, bien allongés, un peu anguleux ; écailles d'un marron rougeâtre.

Fleurs petites ; pétales ovales-allongés, bien atténués à leur sommet, presque entièrement blancs avant l'épanouissement ; divisions du calice courtes, finement aiguës, un peu recourbées en dessous ; pédicelles courts, de moyenne force, un peu duveteux.

Feuilles des productions fruitières plus grandes que celles des pousses d'été, ovales-élargies ou ovales-arrondies, se terminant un peu brusquement en une pointe courte, peu repliées sur leur nervure médiane, bordées de dents fines, très-peu profondes, presque imperceptibles, se recourbant souvent sur des pétioles courts, grêles, roides et divergents.

Caractère saillant de l'arbre : teinte générale du feuillage d'un vert intense et brillant ; feuilles épaisses.

Fruit petit ou presque moyen, piriforme-court ou turbiné-piriforme, souvent un peu irrégulier dans sa forme, atteignant sa plus grande épaisseur peu au-dessous du milieu de sa hauteur ; au-dessus de ce point, s'atténuant un peu promptement par une courbe d'abord convexe, puis un peu concave en une pointe courte, assez épaisse et bien obtuse ; au-dessous du même point, s'arrondissant d'abord un peu brusquement pour ensuite s'aplatir autour de la cavité de l'œil.

Peau un peu épaisse et ferme, d'abord d'un vert foncé semé de points bruns, petits, nombreux et peu apparents, souvent voilés par un nuage de rouille de même couleur qui s'étend sur presque toute la surface du fruit. A la maturité, **octobre, novembre,** le vert fondamental passe au jaune citron intense, tantôt visible à travers la rouille, tantôt entièrement caché, et, sur les fruits bien exposés, le côté du soleil est teint d'un peu de rouge brun.

Œil grand, ouvert ou demi-ouvert, placé dans une cavité peu profonde, évasée, parfois un peu bosselée dans ses parois.

Queue de moyenne longueur et de moyenne force, ligneuse, ferme, souvent un peu courbée, attachée un peu obliquement à fleur de la pointe charnue du fruit, déjetée de côté ou parfois insérée entre des plis divergents.

Chair d'un blanc à peine jaunâtre, bien fine, fondante, abondante en eau richement sucrée, vineuse et relevée

89

90

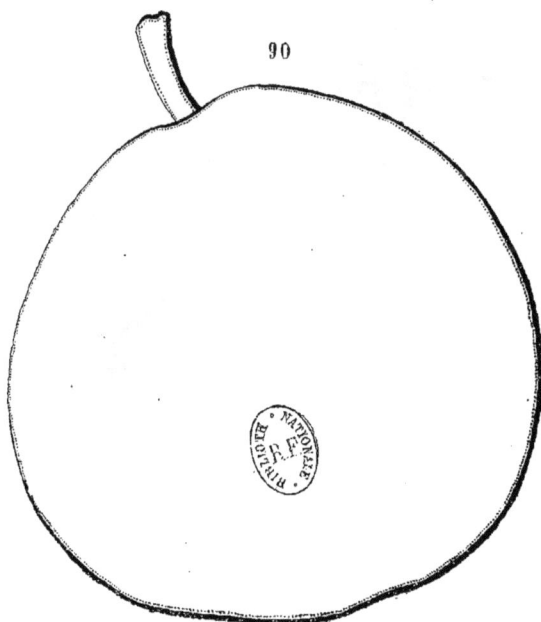

89, ENFANT PRODIGUE. 90, GILLES Ô GILLES

Imp. A. Tournier à Lyon

Peingeon

GILLES O GILLES

(N° 90)

Dictionnaire de pomologie. ANDRÉ LEROY.
GILLOGILLE. *Nouveau traité des arbres fruitiers.* LOISELEUR-DESLONCHAMPS.
GILOT. *Jardin fruitier du Muséum.*
GILOGIL. *A Guide to the orchard.* LINDLEY.
The Fruits and the fruit-trees of America. DOWNING.
GEERARD'S BERGAMOTTE. *Illustrirtes Handbuch der Obstkunde.* JAHN.
BERGAMOTTE GEERARD. *Catalogue.* PAPELEU. 1853-1854.

OBSERVATIONS. — Variété d'origine très-ancienne et datant de près de quatre siècles, si l'on admet qu'elle soit la *Poire-Livre de Bourgogne* de Jean Bauhin. Je n'oserais l'affirmer ; les descriptions des anciens auteurs sont trop peu complètes pour en déduire une certitude, surtout lorsqu'il n'y a pas similitude d'appellation. Si Jean Bauhin eut ajouté à la description du fruit, déjà un peu courte : l'arbre a des rameaux très-forts, caractéristiquement colorés de rouge vers leurs nœuds, ses feuilles sont amples et épaisses, je me rangerais immédiatement à cette synonymie adoptée par MM. André Leroy et Decaisne. Toutefois, si cette variété a bien l'âge respectable qu'on veut lui accorder, on peut constater qu'elle ne montre encore aucun des signes de la viellesse. Vigueur et santé de l'arbre, fertilité, netteté du fruit, tout se réunit pour lui donner l'apparence d'une variété née d'hier. J'ai adopté, malgré l'opinion contraire de M. Jahn, la synonymie de Bergamotte Geerard. Il est vrai que l'on peut lire dans le catalogue de Van Mons, 1823, à la page 44, n° 1334, *Bergamotte Gérard, par nous ;* ce qui indique que le célèbre semeur belge obtint une variété de Bergamotte qu'il baptisa ainsi, et je ne veux pas nier son existence, mais je puis affirmer que la Bergamotte Geerard que j'ai reçue de M. Papeleu, ainsi que M. Jahn, n'est autre que la variété dont je vais donner la description.

DESCRIPTION.

Rameaux très-forts, courts et bien épaissis en massue à leur sommet, un peu anguleux dans leur contour, peu coudés à leurs entre-nœuds courts, rougeâtres surtout vers les nœuds ; lenticelles grisâtres, larges, saillantes et apparentes.

Boutons à bois moyens, coniques, aigus, à direction écartée du rameau, soutenus sur des supports très-élargis et saillants dont l'arête médiane se prolonge seule et bien distinctement; écailles d'un marron noirâtre, finement bordé de gris blanchâtre.

Pousses d'été d'un vert pâle, colorées de rouge sanguin sur une longue étendue vers leur sommet recouvert d'un duvet blanc, soyeux et abondant.

Feuilles des pousses d'été grandes, ovales-élargies, se terminant un peu promptement en une pointe peu longue, repliées sur leur nervure médiane ou creusées en gouttière et peu arquées, bordées de dents larges, profondes et obtuses, bien soutenues sur des pétioles longs, forts et bien roides.

Stipules longues, linéaires, caduques.

Feuilles stipulaires assez fréquentes.

Boutons à fruit moyens, conico-ovoïdes, courts, un peu aigus; écailles d'un marron rougeâtre bien foncé et presque uniforme.

Fleurs petites; pétales ovales-arrondis, concaves, entièrement blancs avant l'épanouissement; divisions du calice courtes, larges et recourbées en dessous; pédicelles bien courts et forts.

Feuilles des productions fruitières bien grandes, les unes ovales-élargies et s'atténuant lentement pour se terminer régulièrement en une pointe longue, aiguë et recourbée, les autres elliptiques-élargies et se terminant en une pointe presque nulle, un peu repliées sur leur nervure médiane ou concaves et bien arquées, bordées de dents assez fines, peu profondes et émoussées, assez bien soutenues sur des pétioles un peu longs, bien forts et redressés.

Caractère saillant de l'arbre : toutes les feuilles larges et épaisses; feuilles stipulaires très-développées; bois fort et à direction bien perpendiculaire.

Fruit gros ou très-gros, diminuant cependant beaucoup de volume suivant le sujet sur lequel il est greffé, turbiné-sphérique ou presque sphérique, ordinairement uni dans son contour, atteignant sa plus grande épaisseur bien au-dessous du milieu de sa hauteur ou près de sa base; au-dessus de ce point, s'atténuant par une courbe largement convexe en une pointe très-courte, très-épaisse et plus ou moins largement tronquée; au-dessous du même point, s'arrondissant par une courbe bien convexe jusque dans la cavité de l'œil.

Peau fine, mince, d'abord d'un vert pâle et terne semé de points d'un gris brun, petits, très-nombreux, très-serrés et régulièrement espacés, se confondant et se mélangeant avec un réseau d'une rouille brune et fine qui s'étend sur toute sa surface et se condense surtout dans la cavité de la queue et moins dans la cavité de l'œil. A la maturité, **octobre et commencement d'hiver**, le vert fondamental passe au jaune paille terne, la rouille se dore et le côté du soleil est souvent lavé d'un rouge sanguin peu dense sur lequel les points grisâtres ou d'un gris noirâtre sont plus apparents.

Œil petit, à divisions courtes, jaunâtres, comme perdu dans une cavité très-profonde, très-étroite dans son fond, puis s'évasant en forme d'un large entonnoir.

Queue plus ou moins courte, peu forte, courbée ou contournée, implantée dans une cavité large et un peu profonde.

Chair blanche, grossière, peu abondante en eau très-sucrée, vineuse, constituant un fruit bon seulement pour les usages de la cuisine.

BEURRÉ GELLERT

(GELLERTS BUTTERBIRNE)

(N° 91)

Anleitung. OBERDIECK.
Illustrirtes Handbuch der Obstkunde. OBERDIECK.

OBSERVATIONS. — Oberdieck obtint cette variété de Van Mons, en 1838, et sans nom, portant seulement le numéro 290. Après avoir constaté qu'elle n'était identique à aucune de celles dont il avait pu consulter les descriptions, il la dédia au littérateur allemand Gellert, né à Hainichen, près de Freyberg en Saxe, en l'année 1715, et qui est resté célèbre surtout par ses fables et ses contes. — L'arbre est d'une belle et bonne végétation, aussi bien sur cognassier que sur franc, et facile à soumettre à toutes formes. Oberdieck remarque des rapports de ressemblance dans son faciès général et dans celui de son fruit avec le Beurré gris ; ces rapports, à mon avis, sont assez éloignés, et si la saveur des deux fruits est presque la même, celui du Beurré Gellert est malheureusement inférieur en mérite par son défaut d'une maturation de courte durée.

DESCRIPTION.

Rameaux de moyenne force, anguleux dans leur contour, presque droits, à entre-nœuds courts, d'un brun doré à leur partie inférieure, d'un brun rougeâtre à leur sommet ; lenticelles jaunâtres, larges, peu nombreuses et apparentes.

Boutons à bois moyens, coniques, aigus, à direction écartée du rameau, soutenus sur des supports peu saillants dont les côtés et l'arête médiane se prolongent distinctement ; écailles d'un marron rougeâtre clair, largement bordé de gris blanchâtre.

Pousses d'été d'un vert clair, bien colorées de rouge et peu duveteuses à leur sommet.

Feuilles des pousses d'été moyennes, ovales-allongées, se terminant

presque régulièrement en une pointe longue, étroite, finement aiguë et courbée, repliées
sur leur nervure médiane et un peu arquées, presque entières ou irrégulièrement bordées
de dents très-peu profondes, sensiblement ondulées dans leur contour, s'abaissant un peu
sur des pétioles longs, grêles et redressés.

Stipules moyennes, linéaires-étroites.

Feuilles stipulaires manquant le plus souvent.

Boutons à fruit moyens, conico-ovoïdes, allongés et finement aigus; écailles
d'un marron rougeâtre clair, bordé de marron foncé.

Fleurs bien grandes ; pétales ovales, souvent atténués à leur sommet, presque
planes, à onglet court, se touchant entre eux; divisions du calice de moyenne longueur et
recourbées ; pédicelles un peu longs, de moyenne force et peu duveteux.

Feuilles des productions fruitières moyennes ou presque grandes,
ovales-élargies, se terminant régulièrement en une pointe très-courte et très-fine, tantôt
plus, tantôt moins repliées sur leur nervure médiane et peu arquées, bien ondulées dans
leur contour, entières ou presque entières par leurs bords, irrégulièrement soutenues sur
des pétioles peu longs, peu forts et peu redressés.

Caractère saillant de l'arbre : teinte générale du feuillage d'un vert
herbacé ; toutes les feuilles remarquablement ondulées ; fruits bien colorés de rouge brun
dès qu'ils commencent à se former.

Fruit moyen, tantôt turbiné-piriforme, court et bien ventru, tantôt conique-piriforme
et bien obtus, ordinairement irrégulier dans son contour, atteignant sa plus grande épaisseur toujours bien au-dessous du milieu de sa hauteur ; au-dessus de ce point, tantôt s'atténuant promptement par une courbe irrégulièrement convexe en une pointe courte, assez
peu épaisse et peu obtuse, tantôt s'atténuant par une courbe convexe ou à peine concave
en une pointe bien épaisse et largement obtuse ; au-dessous du même point, s'arrondissant
par une courbe bien convexe jusque dans la cavité de l'œil.

Peau un peu épaisse, d'abord d'un vert d'eau un peu terne semé de points gris, assez
nombreux, un peu irrégulièrement groupés et apparents. Un nuage d'une rouille peu dense
s'étend parfois, soit sur le sommet du fruit, soit dans la cavité de l'œil. A la maturité,
fin de septembre, le vert fondamental s'éclaircit un peu en jaune et le côté du
soleil est ordinairement lavé d'un rouge vineux, tantôt un peu bruni, tantôt un peu
violet, prenant un aspect bronzé, et sur ce rouge les points grisâtres sont apparents.

Œil tantôt ouvert, tantôt mi-clos, placé dans une cavité peu profonde, divisée par
ses bords en côtes épaisses et aplanies qui se continuent souvent un peu sur la base du
fruit.

Queue tantôt courte, tantôt de moyenne longueur, caractéristiquement épaissie à
son point d'attache au rameau, forte, un peu charnue et élastique, semblant former la continuation de la pointe du fruit.

Chair d'un blanc un peu verdâtre, beurrée, fondante, abondante en eau sucrée,
vineuse, délicatement parfumée, exigeant une cueillette anticipée pour conserver toute sa
qualité.

91

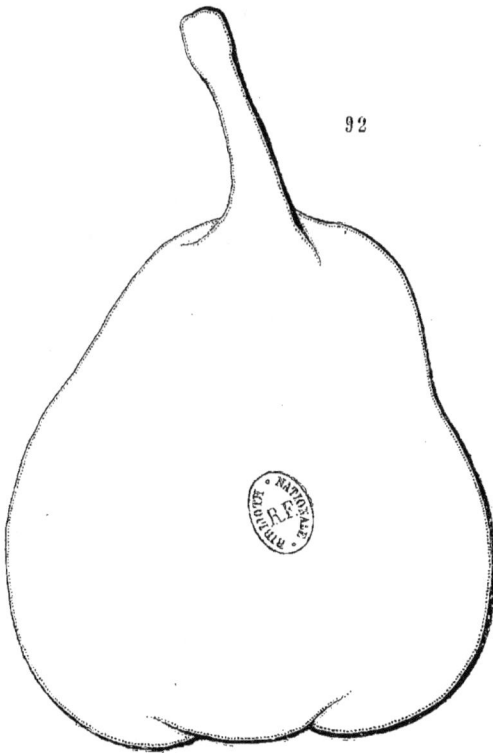

92

91, BEURRÉ GELLERT.   92, PASSE-TARDIVE

Imp A. Tournier à Lyon _____ _Peindeon Del!

PASSE-TARDIVE

(N° 92)

Album de pomologie. BIVORT.
Jardin fruitier du Muséum. DECAISNE.
The Fruits and the fruit-trees of America. DOWNING.
Dictionnaire de pomologie. ANDRÉ LEROY.

OBSERVATIONS. — Le major Esperen, de Malines, fut l'obtenteur de cette variété dont le premier rapport eut lieu en 1843. — Son arbre est d'une bonne vigueur sur cognassier et forme de belles pyramides sur ce sujet. Sa fertilité est satisfaisante et soutenue; il est regrettable que son fruit soit de qualité variable. Le meilleur moyen de remédier à ce défaut est de le placer à l'espalier à une exposition chaude. Son fruit y acquiert le plus beau volume et de l'apparence; sa chair s'affine et il devient d'un véritable mérite à l'époque tardive de sa maturité.

DESCRIPTION.

Rameaux forts, unis dans leur contour, à peine flexueux, à entre-nœuds courts, jaunâtres et un peu brunis du côté du soleil; lenticelles blanchâtres, un peu larges, un peu saillantes, assez nombreuses et apparentes.

Boutons à bois moyens, coniques, courts, bien épaissis à leur base et peu aigus, à direction écartée du rameau, soutenus sur des supports presque nuls; écailles presque entièrement recouvertes de gris blanchâtre.

Pousses d'été d'un vert gai et un peu jaune, légèrement lavées d'un rouge sanguin clair et peu duveteuses à leur sommet.

Feuilles des pousses d'été très-petites, ovales-étroites, s'atténuant un peu promptement pour se terminer régulièrement en une pointe bien recourbée, un peu repliées sur leur nervure médiane et bien arquées, bordées de dents fines, très-peu profondes et aiguës, bien soutenues sur des pétioles de moyenne longueur, grêles, tantôt redressés, tantôt horizontaux.

Stipules de moyenne longueur, en alênes élargies et recourbées.

Feuilles stipulaires très-fréquentes.

Boutons à fruit moyens, coniques, un peu aigus ; écailles d'un marron clair et brillant.

Fleurs assez grandes ; pétales courts, bien élargis, un peu découpés par leurs bords, presque blancs avant l'épanouissement ; pédicelles de moyenne longueur, grêles et presque glabres.

Feuilles des productions fruitières plus grandes que celles des pousses d'été, ovales, s'atténuant lentement pour se terminer un peu brusquement en une pointe courte, un peu convexes ou concaves, entières ou bordées de dents très-peu appréciables, soutenues horizontalement sur des pétioles longs, grêles et divergents.

Caractère saillant de l'arbre : les feuilles les plus jeunes et les feuilles stipulaires bien colorées de rouge ; stipules régulièrement recourbées en faucille.

Fruit gros, turbiné-ventru, ordinairement irrégulier et bosselé dans son contour, atteignant sa plus grande épaisseur au-dessous du milieu de sa hauteur ; au-dessus de ce point, s'atténuant par une courbe irrégulièrement convexe ou irrégulièrement concave en une pointe peu longue, épaisse et plus ou moins obtuse ; au-dessous du même point, s'arrondissant irrégulièrement par une courbe bien convexe jusque dans la cavité de l'œil.

Peau épaisse, ferme, d'abord d'un vert décidé semé de points bruns, très-larges, nombreux, serrés et bien apparents. Des taches plus ou moins larges d'une rouille brune se dispersent sur sa surface, surtout du côté du soleil, sur le sommet du fruit et parfois dans la cavité de l'œil. A la maturité, **fin d'hiver et printemps,** le vert ᵏ fondamental passse au jaune orange intense et bien brillant du côté du soleil.

Œil petit, presque fermé, à divisions courtes, fermes et dressées, enfoncé dans une cavité profonde, largement évasée, dont les bords irréguliers se divisent en côtes épaisses et obtuses qui se continuent sur le ventre du fruit.

Queue très-courte, forte, ligneuse, d'un brun moucheté de gris, attachée à l'excroissance charnue et déprimée qui termine le fruit.

Chair d'un blanc un peu jaunâtre, fine, sucrée, demi-cassante, parfois demi-fondante, abondante en eau douce, sucrée et plus ou moins parfumée suivant le sol ou la saison.

DÉLICES DE CHARLES

(N° 93)

Album de pomologie. Bivort.
Notice pomologique. De Liron d'Airoles.
The Fruits and the fruit-trees of America. Downing.
Dictionnaires de pomologie. André Leroy.
DÉLICES-CHARLES. *Catalogue.* Van Mons. 1823.
CARL VAN MONS LECKERBISSEN. *Illustrirtes Handbuch der Obstkunde.* Jahn.
WREDAW *The Fruits and the fruit-trees of America.* Downing.

Observations. — L'origine de cette variété semble enveloppée d'une assez grande obscurité. M. Bivort dit bien qu'elle fut obtenue par M. Bouvier, de Jodoigne, et que son premier rapport eut lieu en 1826, mais nous trouvons, inscrite au catalogue de Van Mons, publié en 1823, une Poire Délices-Charles qu'il est bien difficile de croire différente. D'un autre côté, la Wredaw, que nous avons reçue de M. Jamin, il y a plus de vingt ans, est bien la même que la Délices de Charles de M. Bivort. D'où lui vient ce nouveau baptême, et quelle en fut la raison ? Tout ce que nous pouvons affirmer, c'est que la Poire Charles Van Mons est une toute autre variété et de bien peu de mérite. La Délices de Charles est, au contraire, un excellent fruit porté, malheureusement, par un arbre chétif dont les branches se recouvrent, dès le jeune âge, d'une écorce fendillée, comme galeuse, qui lui donne le plus vilain aspect, tout en nuisant à la facile circulation de la séve, et par conséquent à sa fécondité.

DESCRIPTION.

Rameaux peu forts, obscurément anguleux dans leur contour, presque droits, à entre-nœuds très-courts, jaunes du côté de l'ombre et teintés de rouge clair du côté du soleil ; lenticelles blanchâtres, rares et un peu apparentes.

Boutons à bois petits, coniques, aigus, à direction tantôt plus, tantôt moins écartée du rameau, soutenus sur des supports un peu saillants dont les côtés et l'arête médiane se prolongent très-peu distinctement ; écailles d'un marron rougeâtre brillant et bordé de gris argenté.

Pousses d'été d'un vert clair, à peine teintées de rouge violet et peu duveteuses à leur sommet.

Feuilles des pousses d'été petites, ovales-elliptiques, se terminant brusquement en une pointe un peu longue, fine et bien aiguë, concaves, recourbées en dessus par leur pointe, régulièrement bordées de dents profondes, recourbées et aiguës, mal soutenues sur des pétioles un peu longs, très-grêles et un peu flexibles.

Stipules longues, filiformes.

Feuilles stipulaires se présentant quelquefois.

Boutons à fruit petits, conico-ovoïdes, un peu maigres, un peu allongés et un peu aigus ; écailles d'un marron foncé et terne.

Fleurs petites ; pétales ovales-arrondis, concaves, assez écartés entre eux, un peu roses avant l'épanouissement ; divisions du calice de moyenne longueur, étalées ; pédicelles de moyenne longueur, grêles et un peu duveteux.

Feuilles des productions fruitières petites , ovales-allongées et étroites, se terminant assez régulièrement en une pointe bien fine ou quelquefois obtuse, un peu repliées sur leur nervure médiane et arquées, quelques-unes lancéolées et planes, toutes bordées de dents fines, très-peu profondes et un peu aiguës, irrégulièrement soutenues sur des pétioles courts, très-grêles, tantôt roides, tantôt flexibles.

Caractère saillant de l'arbre : teinte générale du feuillage d'un beau vert gai ; presque toutes les feuilles petites ; tous les pétioles grêles et souvent colorés de rouge.

Fruit moyen, turbiné-piriforme, plus ou moins allongé, ordinairement uni dans son contour, atteignant sa plus grande épaisseur bien près de sa base ; au-dessus de ce point, s'atténuant par une courbe d'abord convexe, puis légèrement concave en une pointe plus ou moins aiguë ; au-dessous du même point, s'arrondissant par une courbe bien convexe jusque dans la cavité de l'œil.

Peau peu épaisse et tendre, d'abord d'un vert très-clair, même quelquefois presque blanc, semé de points d'un brun clair extraordinairement petits, si nombreux et serrés qu'ils semblent se toucher et se confondre avec des traits fins d'une rouille de même couleur qui se condense un peu sur le sommet du fruit et plus sensiblement dans la cavité de l'œil. A la maturité, **fin de septembre et commencement d'octobre,** le vert fondamental passe au jaune citron terne, un peu doré ou un peu lavé d'un rouge très-léger du côté du soleil.

Œil grand, ouvert ou demi-ouvert, placé dans une cavité peu profonde, évasée, souvent irrégulière dans ses parois et par ses bords.

Queue à peine de moyenne longueur, tantôt un peu forte, tantôt un peu grêle, un peu courbée, d'un brun rougeâtre clair, attachée souvent obliquement entre quelques plis formés par la pointe du fruit.

Chair blanche, fine, beurrée, fondante, suffisante en eau sucrée, parfumée, agréablement acidulée.

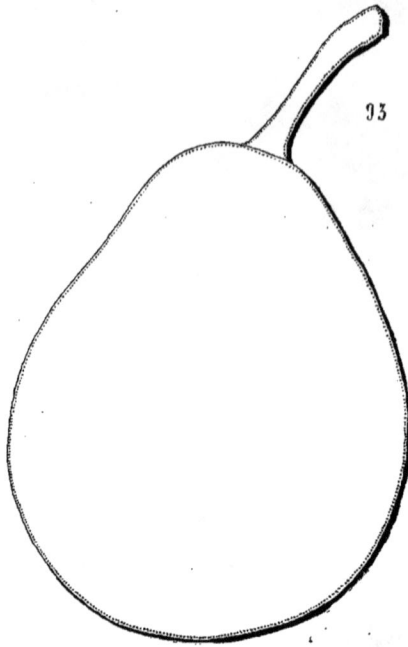

93

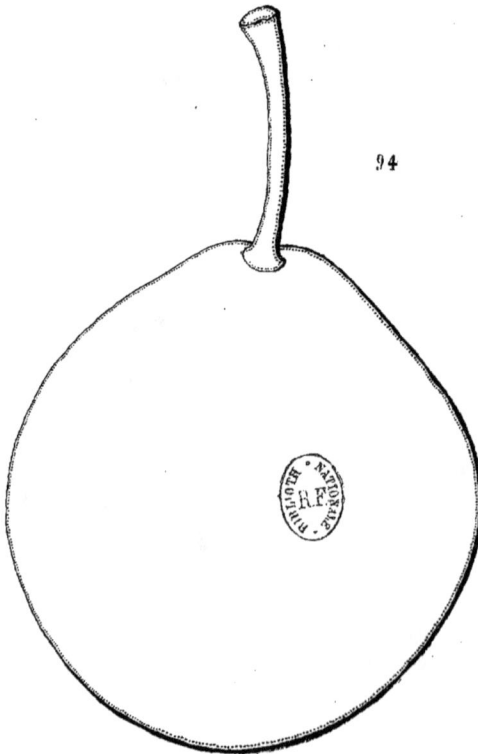

94

93, DÉLICES DE CHARLES. 94, MANSFIELD

Peinñann Dol.ᵗ   Imp.A.Tourmier à Lyon

MANSFIELD

(N° 94)

The Fruits and the fruit-trees of America. DOWNING.

OBSERVATIONS. — Downing dit que cette variété est d'origine américaine, mais que le lieu de sa naissance est incertain. — L'arbre, d'une
végétation contenue sur cognassier, prend de plus grandes dimensions
sur franc et convient bien au verger de campagne par sa rusticité, sa fertilité précoce et très-grande. Son fruit, sans être d'une grande finesse, est
savoureux et n'est pas facilement endommagé par le transport.

DESCRIPTION.

Rameaux assez forts, très-obscurément anguleux dans leur contour, à peine
coudés à leurs entre-nœuds très-courts, jaunâtres et un peu teintés de rouge du côté du
soleil ; lenticelles blanchâtres, allongées, un peu larges, assez nombreuses et apparentes.

Boutons à bois moyens, coniques, un peu épais et un peu aigus, à direction
parallèle ou presque parallèle au rameau, soutenus sur des supports un peu saillants dont
l'arête médiane se prolonge peu distinctement ; écailles d'un marron rougeâtre très-foncé,
brillant et largement bordé de gris argenté..

Pousses d'été d'un vert clair, colorées de rouge et à peine duveteuses à leur
sommet.

Feuilles des pousses d'été petites, obovales-elliptiques, se terminant peu
brusquement en une pointe peu longue et bien fine, bien creusées en gouttière et non
arquées, bordées de dents peu profondes et peu aiguës, mal soutenues sur des pétioles
longs, grêles et bien flexibles.

Stipules de moyenne longueur, en alênes fines.

Feuilles stipulaires manquant ordinairement.

Boutons à fruit moyens, exactement ovoïdes, un peu aigus ; écailles d'un
beau marron rougeâtre brillant.

Fleurs moyennes ; pétales obovales-allongés, bien concaves, à onglet long, bien
écartés entre eux ; divisions du calice de moyenne longueur, larges et cependant bien
aiguës, recourbées en dessous ; pédicelles longs, forts et à peine duveteux.

Feuilles des productions fruitières à peine moyennes, exactement elliptiques, se terminant très-brusquement en une pointe extraordinairement courte, bien creusées en gouttière et à peine arquées, bien régulièrement bordées de dents fines, très-peu profondes et un peu aiguës, mollement soutenues sur des pétioles longs, grêles et flexibles.

Caractère saillant de l'arbre : teinte générale du feuillage d'un vert gai ; toutes les feuilles bien creusées en gouttière et finement dentées ; tous les pétioles grêles et bien souples.

Fruit moyen ou presque gros, turbiné presque sphérique, ordinairement uni dans son contour, atteignant sa plus grande épaisseur presque au milieu ou peu au-dessous du milieu de sa hauteur ; au-dessus de ce point, s'atténuant par une courbe peu convexe en une pointe courte, très-épaisse et plus ou moins obtuse ; au-dessous du même point, s'arrondissant par une courbe bien convexe jusque dans la cavité de l'œil.

Peau un peu épaisse, d'abord d'un vert gai semé de petits points d'un gris vert, très-nombreux, serrés et régulièrement espacés. Une tache d'une rouille brune, un peu rude au toucher, couvre la cavité de l'œil et s'étend un peu au delà de ses bords. A la maturité, **fin d'août et commencement de septembre,** le vert fondamental passe au jaune citron conservant un ton un peu verdâtre et ne devenant pur que lorsqu'elle est dépassée.

Œil moyen, demi-ouvert, à divisions courtes et fines, recourbées en dessous, placé dans une cavité étroite, assez profonde et souvent divisée dans ses bords par des côtes très-aplanies.

Queue longue, forte, un peu épaisse à son point d'attache au rameau, souvent un peu courbée et attachée un peu obliquement dans une petite cavité où elle est repoussée par un pli ou une petite bosse charnue.

Chair blanchâtre, peu fine, demi-beurrée, suffisante en eau richement sucrée et relevée, parfois un peu entachée d'âpreté.

FRANC-RÉAL

(N° 95)

Traité des arbres fruitiers. DUHAMEL.
A Guide to the orchard. LINDLEY.
Jardin fruitier du Musénm. DECAISNE.
Dictionnaire de pomologie. ANDRÉ LEROY
Illustrirtes Handbuch der Obstkunde. OBERDIECK.
FRANC-RÉAL D'HIVER. *The Fruits and the fruit-trees of America.* DOWNING.
FRANC-RÉAL D'ORLÉANS. *Handbuch aller bekannten Obstsorten.* BIEDENFELD.
SPATE WINTER GOLDBIRNE (Franc-Réal, Fin or d'hiver). *Versuch einer syste-matischen Beschreibung der Kernobstsorten.* DIEL.

OBSERVATIONS. — Cette variété, d'une origine ancienne et douteuse, est, depuis longtemps, généralement répandue et appréciée. — L'arbre, d'une végétation très-modérée sur cognassier, est disposé à former sur ce sujet des fuseaux d'une bonne tenue par leur flèche bien roide et se garnissant facilement de productions fruitières 'd'une longue durée. Sa meilleure destination est la haute tige sur franc, remarquable par sa rusticité et son produit riche et soutenu. C'est une variété à multiplier pour la spéculation aussi bien que pour la consommation de famille. Son fruit, d'une longue et facile conservation, réunit les qualités de la bonne Poire à cuire.

DESCRIPTION.

Rameaux un peu forts, finement anguleux dans leur contour, coudés à leurs entre-nœuds courts, d'un brun jaunâtre peu foncé et à peine teinté de rouge du côté du soleil ; lenticelles blanches, très-petites, très-irrégulièrement espacées et peu apparentes.

Boutons à bois moyens, coniques, courts et comprimés, bien épaissis à leur base et cependant aigus, à direction peu écartée du rameau, soutenus sur des supports un peu saillants dont les côtés et l'arête médiane se prolongent finement ; écailles d'un marron rougeâtre foncé et finement bordé de gris argenté.

Pousses d'été flexueuses, d'un vert brun à leur base, d'un vert jaune et bien cotonneuses à leur sommet.

Feuilles des pousses d'été ovales-cordiformes, s'atténuant promptement et sensiblement pour se terminer un peu brusquement en une pointe un peu longue, un peu repliées sur leur nervure médiane et bien recourbées en dessous par leur pointe, irrégulièrement découpées ou très-peu profondément dentées par leurs bords garnis d'un duvet cotonneux, se recourbant sur des pétioles longs, grêles et redressés.

Stipules longues, lancéolées.

Feuilles stipulaires se présentant quelquefois.

Boutons à fruit moyens, conico-ovoïdes, un peu allongés et aigus ; écailles d'un beau marron rougeâtre foncé et brillant.

Fleurs petites ; pétales obovales, entièrement blancs avant et après l'épanouissement ; pédicelles courts et bien cotonneux.

Feuilles des productions fruitières plus élargies que celles des pousses d'été, bien repliées sur leur nervure médiane et bien arquées, irrégulièrement dentées ou presque entières par leurs bords, bien soutenues sur des pétioles courts, forts, roides et bien redressés.

Caractère saillant de l'arbre : teinte vert d'eau de toutes les feuilles remarquablement arquées et longtemps recouvertes d'un duvet aranéeux.

Fruit moyen, sphérico-conique, uni dans son contour, atteignant sa plus grande épaisseur à peu près au milieu de sa hauteur ; au-dessus de ce point, s'atténuant promptement par une courbe tantôt entièrement convexe, tantôt d'abord un peu convexe, puis à peine concave, en une pointe courte, peu épaisse et obtuse à son sommet ; au-dessous du même point, s'arrondissant par une courbe largement convexe pour ensuite s'aplatir autour de la cavité de l'œil.

Peau un peu ferme, d'abord d'un vert pâle et mat semé de points fauves extraordinairement nombreux, régulièrement espacés, petits et cependant apparents. Une tache de rouille d'un brun clair couvre ordinairement le sommet du fruit et la cavité de l'œil. A la maturité, **courant et fin d'hiver,** le vert fondamental passe au jaune paille et le côté du soleil est doré plus ou moins chaudement suivant le sol et la saison.

Œil moyen, demi-fermé, à divisions courtes, roides et dressées, placé dans une cavité étroite, très-peu profonde et le contenant à peine.

Queue assez courte, peu forte, ligneuse, d'un brun clair, attachée perpendiculairement dans un pli un peu prononcé formé par la pointe du fruit.

Chair bien blanche, assez fine, cassante, peu abondante en eau sucrée, vineuse, acidulée et bien relevée.

95

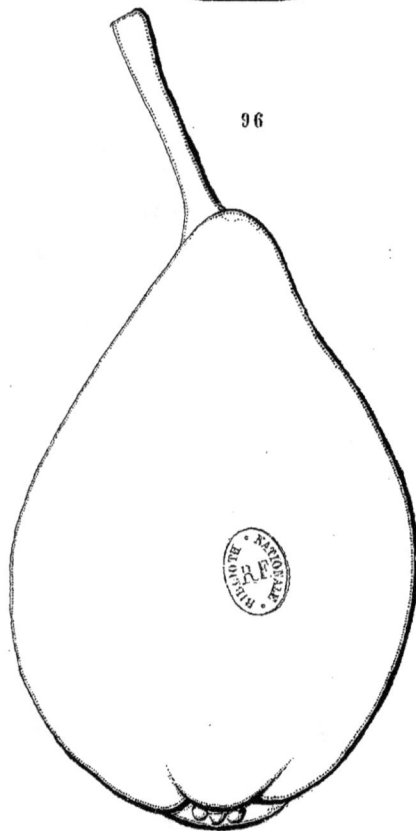

96

95, FRANC-RÉAL.   96, SUCRÉE BLANCHE

Peingeon Del.

Imp. A. Tournier à Lyon

SUCRÉE BLANCHE

(N° 96)

Bulletin de la Société d'Horticulture de Rouen.
Notices pomologiques. DE LIRON D'AIROLES.

OBSERVATIONS. — M. Boisbunel fils, pépiniériste à Rouen, obtint cette variété dont le premier rapport eut lieu en 1856. Sa végétation est bonne sur cognassier, bien vigoureuse sur franc, et toujours bien équilibrée. — L'arbre se plie parfaitement aux formes régulières, surtout à celle de pyramide qui lui est naturelle. Son rapport est très-précoce, sa fertilité très-grande mais alterne. Son fruit est bon, mais non assez savoureux pour le classer de première qualité.

DESCRIPTION.

Rameaux forts, épaissis à leur sommet, coudés à leurs entre-nœuds inégaux entre eux, d'un brun légèrement teinté de rougeâtre ; lenticelles larges, allongées, bien apparentes.

Boutons à bois gros, coniques, courts, épais, peu aigus, à direction peu écartée du rameau, soutenus sur des supports saillants dont l'arête médiane se prolonge seule et d'une manière sensible ; écailles d'un marron rougeâtre bordé de gris.

Pousses d'été d'un vert pâle, bien colorées de rouge à leur sommet couvert d'un duvet court et serré.

Feuilles des pousses d'été petites, obovales-elliptiques, se terminant un peu brusquement en une pointe peu longue, bien creusées en gouttière et à peine arquées, bordées de dents peu profondes, bien coudées et aiguës surtout vers l'extrémité du limbe, bien soutenues sur des pétioles de moyenne longueur, de moyenne force, bien roides, bien redressés et un peu colorés de rouge.

Stipules moyennes, en alênes recourbées et bien caduques.

Feuilles stipulaires manquant le plus souvent.

Boutons à fruit petits, coniques, courts, un peu aigus; écailles d'un marron rougeâtre.

Fleurs très-grandes ; pétales ovales-élargis et arrondis à leur sommet, bien concaves ; divisions du calice longues, larges, peu aiguës et recourbées en dessous ; pédicelles assez longs, forts et peu duveteux.

Feuilles des productions fruitières à peine moyennes, obovales-allongées, se terminant un peu brusquement en une pointe peu longue et très-finement aiguë, creusées en gouttière, bordées de dents très-fines, très-peu profondes, souvent peu appréciables, assez peu soutenues sur des pétioles bien longs, grêles et souples.

Caractère saillant de l'arbre : teinte générale du feuillage d'un vert clair et mat ; toutes les feuilles exactement creusées en gouttière.

Fruit moyen, quelquefois presque gros, piriforme-allongé ou parfois un peu en forme de Calebasse, ordinairement uni dans son contour, atteignant sa plus grande épaisseur bien au-dessous du milieu de sa hauteur ; au-dessus de ce point, s'atténuant par une courbe d'abord peu convexe puis brusquement concave en une pointe plus ou moins longue et aiguë ; au-dessous du même point, s'arrondissant par une courbe largement convexe jusque vers les bords de la cavité de l'œil.

Peau un peu épaisse et ferme, d'abord d'un vert très-clair recouvert d'une légère fleur blanche et sur lequel les points très-petits sont très-peu appréciables. On ne remarque ordinairement aucune trace de rouille sur sa surface. A la maturité, **dernière quinzaine d'août,** le vert fondamental s'éclaircit encore davantage, et le côté du soleil ne porte ordinairement aucun signe distinctif.

Œil très-grand, presque fermé, à divisions dressées, placé dans une cavité très-peu profonde, plissée dans ses parois et par ses bords.

Queue longue, forte, courbée, charnue à son attache à la pointe recourbée du fruit dont elle semble former la continuation.

Chair blanche, demi-fine, fondante, suffisante en eau douce, sucrée, agréable, mais pas assez relevée.

TABLE ALPHABÉTIQUE

DU

TOME 1. — POIRES

(Les numéros d'ordre des descriptions et des planches sont indiqués à la suite de chaque fruit. Les synonymes sont en caractère italique.)

La **Pomologie générale** formera quinze volumes in-octavo, qui traiteront de toutes les espèces de fruits.

La publication en sera terminée dans l'espace de six ans, à partir du 15 juin 1872.

Les personnes qui désireraient posséder cet ouvrage, sont prévenues qu'il est tiré à un petit nombre d'exemplaires.

LE VERGER

PUBLICATION PÉRIODIQUE

D'ARBORICULTURE ET DE POMOLOGIE

Dirigée par M. MAS

SEPTIÈME ANNÉE

EN VENTE :

A PARIS, LIBRAIRIE G. MASSON

Place de l'Ecole-de-Médecine.

La publication LE VERGER sera complète en dix années qui ont commencé le 1er janvier 1865 et finiront fin décembre 1875.

Les six années aujourd'hui complètes sont vendues chacune 25 francs.

Des termes de paiement peuvent être accordés aux Sociétés ou aux particuliers qui, en s'abonnant à l'année courante, achètent toutes les années antérieures.

Lyon — Imprimerie A. Tournier, rue de l'Annonciade, 2

www.ingramcontent.com/pod-product-compliance
Lightning Source LLC
Chambersburg PA
CBHW061121220326
41599CB00024B/4120